Marianne Oesterreicher (Hg.)

Highlights aus der Nano-Welt

HERDER spektrum

Band 5672

Das Buch

Autos, die auf Knopfdruck ihre Farbe wechseln, Krebsbehandlung mit kleinsten Partikeln, die den Krebs vor Ort gezielt angreifen und vernichten? Kleidung, die Körperfunktionen übernimmt oder zum Tarnumhang wird, der unsichtbar macht, wie bei Harry Potter? Science oder Fiction? Fantasieprodukt oder ernsthafte Revolution unserer Lebensgrundlagen?

Die Erfindung des Rastertunnelmikroskops Anfang der 80er Jahre ließ die Menschen zum ersten Mal in die Welt der Moleküle und Atome „hineinschauen". Wenig später wurde es auch möglich, die nanometerkleinen Teilchen zu bewegen und zu beeinflussen und so Eigenschaften hervortreten zu lassen, die sich im makroskopischen Maßstab nicht gezeigt hatten. Dies führte in kurzer Zeit zum Aufblühen einer jährlich umfassender werdenden Forschung und als Folge davon zu ständig neuen technischen Entwicklungen und Produkten, deren Weltmarktvolumen gegenwärtig – je nach Betrachtung – im ein- bis dreistelligen Milliardenbereich liegt.

Es gibt Riesenerwartungen an diese Schlüsseltechnologie, die nach der Gentechnik und dem Internet wahrscheinlich unser Leben am nachhaltigsten beeinflussen wird.

Marianne Oesterreicher gibt in diesem Band einen Überblick über Chancen und Risiken, über Erfolge, Erkenntnisgewinne und ethische Probleme der Nanotechnologie. Sie hat Experten zusammengeführt, mit prominenten Vertretern aus Forschung und Technologie gesprochen, lässt Teil haben an deren Faszination und skizziert die Entwicklungen, die unsere Gesellschaft verändern werden.

Die Herausgeberin

Marianne Oesterreicher, Dr. phil., Studium der Philosophie, Germanistik, bildenden Kunst und Kunstgeschichte. Autorin und Herausgeberin zahlreicher Bücher. Bei Herder Spektrum u.a. (gemeinsam mit dem Physiker Hans-Peter Dürr): „Wir erleben mehr als wir begreifen. Quantenpyhsik und Lebensfragen"; „Auch die Wissenschaft spricht nur in Gleichnissen".

Marianne Oesterreicher (Hg.)

Highlights aus der Nano-Welt

Eine Schlüsseltechnologie verändert unsere Gesellschaft

in Zusammenarbeit mit Jens Gobrecht

HERDER

FREIBURG · BASEL · WIEN

Gedruckt auf umweltfreundlichem,
chlorfrei gebleichtem Papier

Originalausgabe

www.herder.de
Satz: Rudolf Kempf, Emmendingen
Druck und Bindung: fgb · freiburger graphische betriebe 2006
www.fgb.de
Umschlaggestaltung und Konzeption:
R·M·E München / Roland Eschlbeck, Liana Tuchel
Autorenfoto: Fotostudio Stock-Müller
Covermotiv: Carbon Nanotube –
mit freundlicher Genehmigung von Dr. Geoffrey Hutchinson
und Piotr Rotkiewicz
ISBN-13: 978-3-451-05672-7
ISBN-10: 3-451-05672-0

Inhalt

Vorwort 7
Marianne Oesterreicher

Rückblick auf die Entstehungsgeschichte
der Nanotechnologie 12
Jens Gobrecht

Zwischen Quanteneffekten und Makrowelt 31
Interview mit Jörg P. Kotthaus

Atome und Moleküle anfassen und bewegen 50
Interview mit Thomas Jung

Selbstorganisation –
die Natur für uns arbeiten lassen 69
Interview mit Eckehard Schöll

Die Evolution der neuen Produktionsverfahren 86
Jens Gobrecht

Von Mottenaugen, Lotusblättern und Geckofüßen 106
Wilhelm Barthlott, Zdenek Cerman, Jürgen Nieder

Nachhaltige Energie 123
Helmut Tributsch

Intelligente Textilien 137
Marcel Halbeisen

Die Nano-Lochkarte:
Sehr viel Information auf extrem kleinem Raum. 146
Peter Vettiger

Gesünder und länger leben 163
Andreas Martens, Axel Haverich

Faszination und Zukunftsgedanken 187
Interview mit Wolfgang Heckl

Glossar 209

Die Autoren 214

Vorwort

„Ham's ans g'sehn?", pflegte der österreichische Physiker und Philosoph Ernst Mach (1838–1916) höhnisch zu fragen, wenn die Rede auf Atome kam. Er hielt die Vorstellung der Existenz von Atomen für metaphysischen Unsinn, so wie den Glauben an Engel, Hexen und Feen. Zur Zeit der Wende zum 20. Jahrhundert konnte man in der Tat mit derartigen Bemerkungen noch Lacherfolge oder hilfloses Schulterzucken hervorrufen. Natürlich hatte nirgends und niemals je ein Mensch eins gesehen. Heute würde keiner mehr lachen. Denn heute können wir die Atome sehen. Zwar nur auf Umwegen, aber wir können uns ein sehr genaues Bild von ihnen machen. Und nicht nur das. Wir können sie sogar anfassen und von einem Ort zu einem anderen transportieren.

Die Fantasie der Menschen hat sich schon früh mit der Frage beschäftigt, wie unsere Welt wohl in dem Bereich beschaffen ist, wo wir mit dem bloßem Auge nichts mehr sehen. Woraus besteht die Welt – letzten Endes? Bereits die griechischen Philosophen vor Sokrates suchten Antworten auf derartige Fragen. Einerseits dachten sie an wirkende Grundprinzipien und Grundkräfte, die sie sich beispielsweise unter den Bildern von Feuer, Wasser oder Luft vorstellten. Es gab aber auch Überlegungen eher handwerklicher Art: Worauf würde man stoßen, wenn man die Materie der Welt in immer kleinere Stücke aufteilen würde? Bekanntlich war es Demokrit, der solche Grübeleien zu beenden versuchte mit einer bemerkenswert modern anmutenden Theorie. Er sagte:

Wenn man die Materie immer weiter teilt, dann stößt man schließlich auf Grundbausteine, die nicht mehr teilbar sind. Und deshalb nannte er sie Atome (griechisch *átomos* = unteilbar). Die von Demokrit (und auch von seinem weniger bekannten Vorgänger Leukipp) behauptete These setzte sich aber nicht gegen die Lehre des Aristoteles durch, die jahrhundertelang das europäische Denken bestimmte. Zu Beginn des 19. Jahrhunderts wurde das Atom in der Chemie wiederentdeckt, und zwar im Zusammenhang mit der neuen Theorie der chemischen Elemente. Aber erst gegen Ende des Jahrhunderts gewannen die Vertreter der Atomlehre nach und nach in der Chemie die Oberhand. In der Physik geschah dies nach heftigen Auseinandersetzungen verschiedener Parteien sogar erst zu Anfang des 20. Jahrhunderts.

Heute wissen wir zwar immer noch nicht, was die Welt wirklich im Innersten zusammenhält. Aber wir können nach der Erfindung des Rastertunnelmikroskops zu Anfang der 80er Jahre des letzten Jahrhunderts nun eben einzelne Moleküle und Atome sichtbar machen. – Kaum waren wir in der Lage, Atome zu sehen, haben wir uns gefragt: Kann man die auch anfassen? Können wir die auch bewegen? Und was kann man damit machen? Man kann sie anfassen, man kann sie bewegen und man kann eine Menge damit machen. Die Wissenschaft, die sich mit raschen Schritten in der Welt der Moleküle und Atome etablierte und dort mit wachsendem Erfolg experimentierte, gab sich die Vorsilbe „nano“ wie in Nanoforschung, Nanotechnologie (von griechisch *nánnos* oder *nános*, der Zwerg), denn sie operiert im Geltungsbereich des Nanometers. Ein Nanometer ist ein milliardstel Meter, das ist etwa der hunderttausendste Teil des Durchmessers eines menschlichen Haares.

Das alles klingt fast wie die gewaltsame Besetzung eines Landes, das viele Jahrzehnte lang die Domäne der Kolloid-Chemie, der Atomphysik und insbesondere auch der Quantenphysik war. Wer ein wenig von Quantenphysik weiß, wird sich vielleicht fragen, ob die für uns so faszinierend ungreifbare Welt der Quantenphänomene im Grunde nicht unserem manipulierenden Zugriff entzogen sei. Das ist sicher in wesentlichen Bereichen der Fall. Aber Nanoforscher lassen sich davon nicht irritieren. Sie schaffen es entweder, Quanteneffekte zu umgehen, indem sie die Miniaturisierung nicht so weit treiben; oder aber sie bedienen sich ausdrücklich der Quantenphänomene, die ja bei aller Merkwürdigkeit nicht regellos sind.

Seit Don Eigler 1989 zum ersten Mal Atome gezielt bewegt und den Schriftzug IBM aus einzelnen Atomen geschrieben hat, ist viel geschehen. Pro Jahr werden inzwischen weltweit mehrere Milliarden Euro in die Nanoforschung investiert, das Weltmarktvolumen nanotechnologischer Produkte liegt, je nach Betrachtungsweise, im ein- bis dreistelligen Milliardenbereich. Die jährlichen Steigerungsraten sind sehr groß. Wahrscheinlich wird diese Entwicklung schneller, als wir uns das heute vorstellen, dazu führen, dass der Ablauf unseres Alltags wesentlich erleichtert wird. Wir werden Oberflächen haben, die von selbst sauber bleiben, sehr harte und leichte Materialien, die sehr viel aushalten, ohne kaputtzugehen, und, falls es doch einmal passiert, sich selbst reparieren. Wir werden intelligente Textilien haben, deren Funktionen uns vielfältig unterstützen, wir werden den gesamten Inhalt großer Bibliotheken abrufbar auf einem Chip in der Hosentasche mit uns herumtragen können, und schließlich werden wir uns von Nahrungsmitteln ernähren, die genauso schmecken, wie wir uns das wünschen, und die außerdem noch extrem gesund sind. Eines Tages werden wir mehr Annehmlichkeiten haben, als im Märchen vom Schlaraffenland je ausgedacht werden konnten. Und die nano-unterstützte Medizin wird uns sogar mehr als Annehmlichkeiten bescheren, nämlich immer mehr Siege über Krankheit und Schmerz und Steigerungen unserer natürlichen Fähigkeiten. So sehen zumindest die Verheißungen aus, vielleicht nicht alle für morgen, aber für übermorgen.

Werden wir für all das einen Preis bezahlen müssen? Wie immer, ja. Wird er zu hoch sein? Was ist uns überhaupt so viel wert, dass es das Licht der Welt erblicken soll? Mit diesen Fragen berühren wir nun doch wieder die Philosophie, wenn nicht die Religion, denen viele Naturwissenschaftler zeitweilig schon entkommen zu sein glaubten. In einer Demokratie müssen Fragen, die alle angehen, idealerweise auch von allen gemeinsam beantwortet werden. Die Nanowissenschaftler sind deshalb heute sehr daran interessiert, mit der Öffentlichkeit in einen offenen Dialog einzutreten, denn in jedem Fall wird die Nanotechnologie das Leben unserer Gesellschaft in den nächsten zehn Jahren – und dann weit darüber hinaus – in immer wachsendem Maße prägen. Wenn man auf der Höhe der Zeit sein will, wird man nicht umhinkommen, sich mit ihr und ihren Zukunftsaspekten auseinanderzusetzen.

Das vorliegende Buch unternimmt es, dem Leser die wesentlichen Entwicklungen dieser Schlüsseltechnologie auf allgemein verständliche Weise nahe zu bringen. Es ist kein Lehrbuch und deshalb nicht systematisch aufgebaut. Jeder der hier zu Wort kommenden Forscher spricht über das Wesentliche seines Arbeitsgebietes und über das, was ihn an der Nanotechnologie besonders fasziniert. Dies macht die Texte lebendig und abwechslungsreich und verleiht den einzelnen Kapiteln einen Essaycharakter, der dem Leser auch erlaubt, nur das auszuwählen, was ihn besonders interessiert. Die Verschiedenheit der einzelnen Kapitel vermittelt den besonderen Reiz, eine noch junge Wissenschaft dabei zu erleben, wie sie sich tastend, Schritt für Schritt in ein weites Feld von Möglichkeiten hineinbegibt, die sich heute großenteils erst in Umrissen zeigen.

Die mit diesem Konzept notwendig verbundenen gelegentlichen Überschneidungen oder auch Wiederholungen stellen angesichts der nicht immer ganz simplen Zusammenhänge eher eine Verständnishilfe dar und wurden deshalb absichtlich beibehalten.

Natürlich hätte man auch noch andere Bereiche der Forschung aufgreifen können, aber die Nanotechnologie ist ein in sehr viele Richtungen expandierendes Gebiet, dessen Behandlung in einem Taschenbuch Beschränkung erfordert.

Es ist mir, und dem Verlag, ein besonderes Bedürfnis, an dieser Stelle Herrn Prof. Dr. Jens Gobrecht vom Paul Scherrer Institut, Villigen, Schweiz, zu danken. Auf ihn und einige seiner Mitarbeiter geht der Anstoß zu diesem Buch zurück. Im weiteren Verlauf hat er dann zwei Kapitel als Autor übernommen, und stand darüber hinaus dem Projekt von Anfang bis Ende mit Rat und Tat zur Seite. Er hat mit seinem physikalischen Fachwissen als stets freundlicher und fairer Gesprächspartner und als ruhender Fels in der Brandung ganz wesentlich zum Gelingen dieses Buches beigetragen!

Möge das Buch die öffentliche Diskussion über ein hochbrisantes Zukunfts-Thema weiter beleben, so dass wir uns immer klarer darüber werden können, was wir eigentlich wollen. Denn die Zukunft ist offen. Und wir gestalten sie.

Wildtal, 7. Juni 2006 Marianne Oesterreicher

Rückblick auf die Entstehungsgeschichte der Nanotechnologie

Jens Gobrecht

Wie klein ist klein? Obwohl sehr viele Menschen wissen, dass alles, was uns umgibt, was wir sehen und „begreifen“ können, aus Atomen und Molekülen aufgebaut ist, kann sich doch kaum jemand konkret vorstellen, wie klein diese elementaren Bausteine der Materie wirklich sind. Einer der wenigen Menschen, die sich bereits in den 50er Jahren des vergangenen Jahrhunderts eine Vorstellung davon machen konnten, war der Physiker und spätere Nobelpreisträger Richard Feynman. Er hat im Dezember 1959 eine sehr visionäre Rede gehalten, die unter den Nanowissenschaftlern inzwischen Kultstatus erlangt hat. In ihr hat er dargelegt, dass „da unten“ – gemeint ist der Bereich des Kleinen und sehr Kleinen – noch „sehr viel Platz ist“ (R. Feynman, „There is plenty of room at the bottom“, Vortrag gehalten am 29. Dezember 1959 in Berkeley, USA). Feynman hat dort in physikalisch fundierter, doch sehr spekulativer Weise dargelegt, was alles im Nanometerbereich möglich wäre, gäbe es Werkzeuge und Methoden, um auf dieser Größenskala kontrolliert zu arbeiten. Er glaubte übrigens, dass die Elektronenstrahl-Techniken, von denen später noch zu reden sein wird, zu so hoher Präzision weiterentwickelt werden könnten, dass damit das Arbeiten auf atomarer Skala möglich würde. Die Tatsache, dass er mit dieser technischen Prognose nur teilweise Recht hatte, schmälert in keiner Weise sein grundsätzliches Verdienst, bereits vor fast fünfzig Jahren wesentliche Aspekte der Nanotechnologie vorausgesehen zu haben. Er setzte auch einen Preis von 1000 Dollar aus für denjenigen, der als Erster den Text einer Buchseite fünfundzwanzigtausendfach verkleinert aufschreiben könnte, also so, dass er mit einem Elektronenmikroskop noch lesbar wäre. Mit den heute zur Verfügung stehenden Methoden wäre es eine Kleinigkeit, diesen Preis zu gewinnen.

Wie unvorstellbar klein sind denn nun die Moleküle und Atome? Um herauszufinden, ob es für unser Vorstellungsvermögen tatsächlich unmöglich ist, sich von der Kleinheit der Moleküle – und damit von der Länge eines Nanometers – ein brauchbares Bild zu machen, ist es nützlich, einmal die Größe von bekannten Objekten auf einer geeigneten Längenskala aufzutragen. In Abb. 1 ist diese Längenskala angegeben, nach oben werden die Objekte größer, nach unten kleiner. Der Fixpunkt in der Mitte ist ein Meter, eine Länge, die sich jeder gut vorstellen kann. Das Besondere an unserer Skala besteht darin, dass von einem Teilstrich zum nächsten die Längen jeweils um einen Faktor zehn größer (nach oben) bzw. kleiner (nach unten) werden. In der Technik spricht man in einem solchen Fall auch von einem „logarithmischen Maßstab“. Betrachten wir zunächst die großen Objekte: Jeder kann sich eine Brücke von etwa einem Kilometer Länge vorstellen, und ebenso, was es bedeutet, eine 1000 Kilometer lange Reise zum Beispiel von Basel nach Rügen zu unternehmen. Auch 10.000 Kilometer sind noch einigermaßen vorstellbar, zum Beispiel als die Flugstrecke von Europa nach Japan oder Kalifornien. Noch größere Distanzen werden für das menschliche Vorstellungsvermögen schwierig. Zwar weisen viele ältere Autos einen Kilometerstand von deutlich über 100.000 Kilometern aus, doch sich tatsächlich eine konkrete Vorstellung von der gefahrenen Länge zu machen, dürfte den meisten Menschen eher schwer fallen – ganz zu schweigen von astronomischen Dimensionen, etwa dem Durchmesser der Sonne (1,4 Millionen Kilometer) oder der Länge der Erdumlaufbahn um die Sonne (knapp eine Milliarde Kilometer).

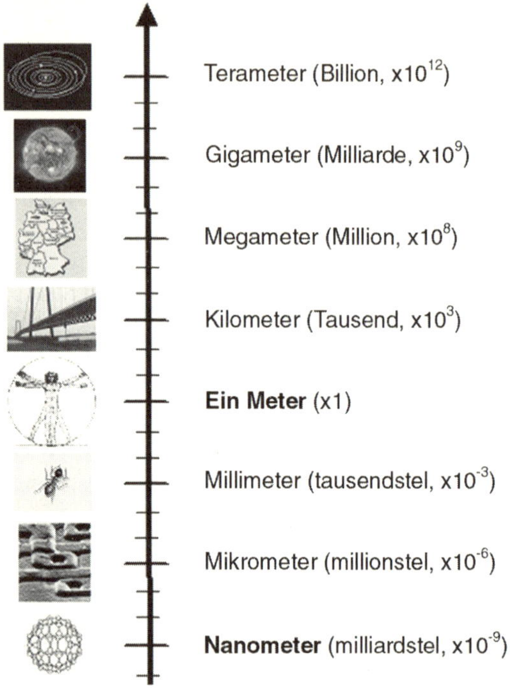

Abb. 1

Nun zu den kleinen Dingen: Jeder kennt einen Millimeter. Auch ein Zehntel davon, zum Beispiel der Durchmesser eines Haares, ist mit bloßem Auge noch gut sichtbar. Um deutlich kleinere Dinge zu sehen, wird ein Mikroskop benötigt. Sicherlich werden sich die meisten Leute daran erinnern, im Biologieunterricht in der Schule einmal durch ein Mikroskop geschaut und dabei mehr oder weniger interessante Objekte, wie etwa Pantoffeltierchen aus dem nächsten Tümpel, gesehen zu haben. Sich jedoch eine konkrete Vorstellung von der Kleinheit dieses Pantoffeltierchens zu machen, dürfte eher schwierig sein. Der Wassertropfen aus dem Tümpel sieht doch wie klares, reines Wasser aus, und erst mit geeigneten Hilfsmitteln erkennen wir, dass er voller Leben steckt. Entsprechend noch viel schwieriger ist es, sich noch kleinere Objekte konkret vorzustellen, als einzellige Lebewesen es sind, etwa Verbindungsdrähte in einem Mikroelektronik-Chip – ganz zu schweigen von Molekülen und Atomen, die nochmals einhundert- bis tausendmal kleiner sind als die kleinsten Strukturen in den Mikrochips.

Atome und daraus aufgebaute Moleküle sind die elementaren Bausteine, aus denen alles in unserer „begreifbaren" Umgebung aufgebaut ist. Die Eigenschaften der Materialien werden dabei von der Art und der Zusammensetzung der Atome und Moleküle bestimmt. Natürlich weiß der Fachmann, dass auch die Atome aus noch kleineren, noch elementareren Teilchen aufgebaut sind. Abgesehen von ganz wenigen, allerdings wichtigen Ausnahmen (zum Beispiel Atomkraftwerke, Nuklearmedizin) spielt das im täglichen Leben jedoch keine Rolle, da, wie gesagt, die molekulare Zusammensetzung entscheidend für die Eigenschaften eines Stoffes ist. Ob sich dereinst auf der Ebene der Elementarteilchen, aus denen die Atome bestehen, eine Art „Pikotechnologie" (Vorsilbe piko = 1 Billionstel) entwickeln wird, scheint aus heutiger Sicht eher unwahrscheinlich.

Wichtig für unser Vorstellungsvermögen ist also, dass wir die Objekte mit unseren Sinnen direkt wahrnehmen können; im Fall von Längen und Größen müssen wir sie sehen oder tasten können. Auch die besten Augen versagen unterhalb von etwa zehn Mikrometern, also noch sehr weit weg vom Nanometer. Benutzen wir ein optisches Mikroskop, können wir noch völlig zu Recht vom „Aussehen" des untersuchten Objektes sprechen, denn das Mikroskop bewirkt ja lediglich eine optische Vergrößerung, vergleichbar etwa mit einer Lupe. Sehr viel schwieriger wird die Verwendung des Begriffes „Aussehen", wenn wir zu den anderen Hilfsmitteln übergehen, die in der Nanotechnologie so wichtig sind: den Elektronen- und Rastersondenmikroskopen, auf die unten noch genauer eingegangen wird. Man muss sich stets vor Augen halten, dass diese „Mikroskope" (zutreffender wäre eigentlich die Bezeichnung „Nanoskop", doch das ist ein geschützter Handelsname) nur die Bilddaten für eine Art Modell der nanometergroßen Objekte liefern, mit denen wir uns eine Vorstellung von deren Aussehen machen können. Das Rastertunnelmikroskop misst in Wirklichkeit nur über die Elektronendichteverteilung das Höhenprofil einer Oberfläche und erkennt dadurch zum Beispiel ein Molekül auf dieser Oberfläche. Ob das Molekül tatsächlich so aussieht, wie es dann nach der Datenaufbereitung auf dem Computerbildschirm des Tunnelmikroskops erscheint, ist im physikalischen Sinne nicht definiert, denn im Alltag beziehen wir den Begriff „Aussehen“ aufgrund unserer Erfahrung auf Objekte bestimmter Farben und Formen und koppeln ihn damit eng an die Wellenlängen des sichtbaren Lichtes. Diese liegen im Bereich zwischen 400 und 800 Nanometern. Aus den fundamentalen Gesetzen der Optik folgt, dass mit optischen Mikroskopen keine Strukturen abgebildet werden können, die kleiner sind als die Wellenlänge des benutzten Lichtes. Entsprechend ist der Begriff „Aussehen“ für Dinge, die deutlich kleiner als die Wellenlängen des sichtbaren Lichtes sind – und um die geht es ja in der Nanotechnologie – im klassischen Sinne nicht definiert. Das sollte man bei der Betrachtung von Bildern aus der Nanowelt nicht vergessen.

Es ist eigenartig und gar nicht selbstverständlich: Schaut man sich die technisch bedingten Entwicklungsschübe in der Vergangenheit über die Jahrhunderte an, dann ist die Entwicklung keineswegs kontinuierlich verlaufen. Technische Revolutionen wechselten ab mit längeren Perioden der Evolution, in denen zahlreiche kleine Verbesserungen an den bestehenden Lösungen vorgenommen wurden, jedoch nichts grundsätzlich Neues entstand. Diese evolutionären Perioden haben sich in der Vergangenheit oft über Jahrhunderte hingezogen und vermittelten den Eindruck einer technischen Stagnation. Die Revolutionen dagegen sind durch völlig neue Ansätze gekennzeichnet, die sich innerhalb weniger Jahre durchsetzen können. Auffällig ist, dass diese technischen Umbrüche mit dem fortschreitenden Wissensstand der Naturwissenschaften in den vergangenen zwei Jahrhunderten in immer kürzeren Abständen stattgefunden haben.

Eine weitere interessante Beobachtung ist: Insbesondere in den letzten 200 Jahren wurden wesentliche technische Revolutionen durch die Erfindung neuartiger Mikroskope ausgelöst, also von Geräten, die eine genaue Betrachtung von Materialien und deren innerer Struktur ermöglichten und damit auch die Analyse von gezielten Veränderungen, die durch Werkzeuge und Herstellungsverfahren an diesen Materialien vorgenommen wurden. Es lohnt sich, diese Beobachtung genauer zu veranschaulichen.

Mikroskoptyp, Zeitraum der Verfügbarkeit	Beispiel und Auflösungsvermögen	Auswirkungen, Entwicklungen, Anwendungen
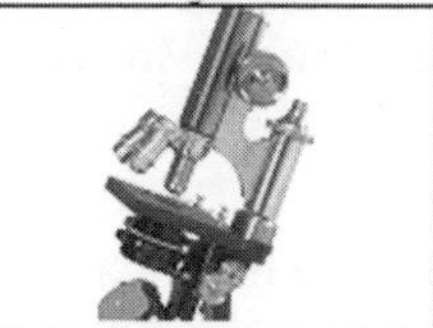 Lichtmikroskop, 19. Jahrh.	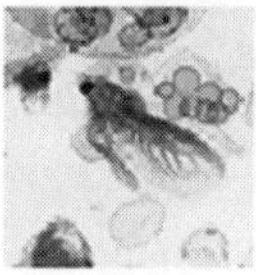 ca. 1 Mikrometer	Mikrobiologie, Materialentwicklung, Präzisionsmechanik
 Raster-Elektronenmikroskop, nach 1960	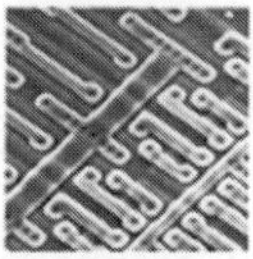 Einige Nanometer	Mikroelektronik, Mikrotechnik, moderne Materialforschung und Entwicklung
	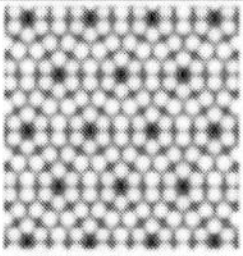	Molekulares Engineering **Nanotechnologie** Oberflächentechnik
Raster-Tunnelmikroskop, nach 1982	0,1 Nanometer	

Abb. 2: Sichtbarkeit im Mikrokosmos löst technische Revolution aus.

Das optische Mikroskop, das wahrscheinlich jeder mindestens aus der Schulzeit kennt, wurde zwar bereits im 17. Jahrhundert in Holland erfunden, doch waren diese ersten Geräte in ihrer

Leistungsfähigkeit recht bescheiden. Die Herstellung der für Mikroskope notwendigen Linsen war eher eine Kunst als eine wissenschaftlich begründete Technik. Entsprechend selten waren brauchbare Geräte. Erst als im 19. Jahrhundert durch Physiker wie Ernst Abbe die wissenschaftlichen Grundlagen der Optik systematisch erarbeitet wurden, gelang es, leistungsfähige Mikroskope in genügender Anzahl herzustellen. Dadurch wurden in der Tat mehrere „Revolutionen“ ausgelöst: Forscher wie Robert Koch entdeckten die Erreger sowie die Ausbreitungs- und Wirkungsmechanismen der damals so gefürchteten Infektionskrankheiten, und ein großer Teil der medizinischen Pathologie und damit die sichere Diagnose zahlreicher Krankheiten wurde durch Mikroskope überhaupt erst ermöglicht. Ebenso wäre etwa ohne Metallografie – für welche leistungsfähige Mikroskope ja eine Grundvoraussetzung sind – die Entwicklung von reproduzierbaren Schmiede- und Legierverfahren zur Herstellung von Stahl und anderen Werkstoffen für hohe Ansprüche undenkbar. Die kontrollierte Herstellung derartiger Materialien ist dann wieder eine Voraussetzung für den Bau von Fahrzeugen, Brücken oder damals beispielsweise für den Bau des Eiffelturms.

Ein weiterer großer Innovationsschub und damit eine technische Revolution wurde in den 60er Jahren des letzten Jahrhunderts ausgelöst, als die Elektronenmikroskope und insbesondere die Rasterelektronenmikroskope erfunden bzw. verfügbar wurden. Diese Mikroskope basieren zwar auf einem anderen physikalischen Prinzip als die optischen Mikroskope, dienen aber letztlich auch nur dem Zweck, sehr kleine Objekte abzubilden und damit für unser Auge sichtbar zu machen und so unserem Vorstellungsvermögen zuzuführen. Allerdings gelingt dieser Vorgang beim Rasterelektronenmikroskop mit über 100-mal höherer Auflösung als mit den besten optischen Geräten. Das bedeutet nichts anderes, als dass man Strukturen und Objekte erkennen kann, die noch 100-mal kleiner sind als das, was man bestenfalls unter einem guten optischen Mikroskop erkennt. Dies eröffnete ungeahnte Möglichkeiten in vielen Bereichen der Naturwissenschaften, aber auch auf dem Gebiet der mikrotechnischen und mikroelektronischen Materialbearbeitung bzw. der Entwicklung der dazu notwendigen Herstellungsverfahren und deren Kontrolle. Es ist keineswegs übertrieben zu behaupten, dass die seit den 70er Jahren des letzten Jahrhunderts so stürmisch verlaufene Entwicklung der Mikroelektronik ohne die Verfügbarkeit der Rasterelektronenmikroskope schlichtweg nicht stattgefunden hätte. Beispielsweise ist es unmöglich, einen Ätzprozess zur Herstellung eines 200 Nanometer breiten Verbindungsdrahtes in einem Computerchip zu entwickeln, wenn es kein Gerät gibt, mit dem die Resultate der zur Entwicklung des Prozesses notwendigen Versuchsreihen kontrolliert werden können. Hier und in vielen anderen Bereichen der Mikroelektronik und der Qualitätskontrolle bei der Fertigung ist das Rasterelektronenmikroskop absolut unverzichtbar. Somit gäbe es ohne dieses Mikroskop heute weder leistungsfähige Computer noch Mobiltelefone oder etwa das Internet. Das, was häufig als „dritte industrielle Revolution" bezeichnet wird, wäre so nicht passiert. Der Vollständigkeit halber sei hier angemerkt, dass die Elektronenmikroskope seit ihrer Erfindung auch vielen anderen Bereichen der Wissenschaft und Technik ganz entscheidende Impulse verliehen haben, so etwa der Biologie, der Medizin, der Werkstoffwissenschaft oder der Physik.

Eine für die Nanotechnologie ganz entscheidende Herausforderung wurde von den Rasterelektronenmikroskopen bisher allerdings nicht gemeistert: die Abbildung einzelner Atome oder kleiner Moleküle. Dafür hätte das Auflösungsvermögen auch der besten heute erhältlichen Geräte nochmals wesentlich gesteigert werden müssen. Hier kam der Durchbruch Anfang der 80er Jahre des letzten Jahrhunderts aus einer ganz unerwarteten Richtung: Mit einer Art mikromechanischem Aufbau, bei dem eine sehr spitze Nadel extrem präzise und sehr nahe über eine metallische Oberfläche geführt wird, gelang es den Forschern Heinrich Rohrer und Gerd Binnig, die Position einzelner Atome dieser Oberfläche im realen Raum abzubilden. Das Rastertunnelmikroskop war geboren, mit einer Auflösung im atomaren Maßstab, d.h. etwa 0,1 Nanometer. Es ist im Laufe der Entwicklung der Mikroskope damit also zum dritten Mal die Situation entstanden, dass ein nach neuen physikalischen Prinzipien funktionierendes Mikroskop verfügbar wurde, das hinsichtlich der Auflösung alles Bisherige in den Schatten stellt. Nachdem wir gesehen haben, welche fundamentalen Fortschritte das optische und später das Elektronenmikroskop in Wissenschaft und Technik bewirkt haben, ist es nun ein nahe liegender – wenn auch nicht zwingender – Analogieschluss, dass das Rastertunnelmikroskop und seine Verwandten ähnliche Konsequenzen für Wissenschaft, Technik, Wirtschaft und damit für die Gesellschaft haben werden. Unter anderem daher resultieren wohl auch die hohen Erwartungen an die Nanotechnologie. Ob sie sich erfüllen, wird die Zukunft zeigen.

Aber warum hat es denn nun so lange gedauert, bis es gelang, ein Gerät zu bauen, mit dem einzelne Atome und Moleküle dargestellt werden konnten? Zum einen muss natürlich jemand einmal die Idee haben. Auf den Vorschlag, mit vergleichsweise einfachen technischen Mitteln ein Rastertunnelmikroskop mit atomarer Auflösung zu bauen, hätten eher konservativ eingestellte Physiker noch vor 30 Jahren jede Menge mehr oder weniger gute Argumente vorgebracht, warum „so etwas nicht funktionieren kann“. Man hätte die Heisenberg'sche Unschärferelation angeführt, die Unmöglichkeit, die Mess-Spitze und die Probe mit sub-atomarer Präzision kontrolliert gegeneinander zu verschieben, die Schwierigkeit, eine „atomar spitze“ Messnadel herzustellen usw. Zum anderen muss jemand die Energie und die Ressourcen haben, die scheinbaren prinzipiellen und die realen technischen Schwierigkeiten zu überwinden.

In der Mikroskopie gilt grundsätzlich, dass man keine Objekte oder Strukturen erkennen kann, die wesentlich kleiner als die verwendete Mess-Sonde sind. Man spricht hier auch vom Auflösungsvermögen. Im Fall der bekannten optischen Mikroskope, die mit sichtbarem Licht arbeiten, ist dies die Wellenlänge des verwendeten Lichtes, die bei rund 500 Nanometern liegt. Elektronenmikroskope haben deshalb ein viel besseres Auflösungsvermögen, weil man den Elektronen aufgrund der Quantenmechanik auch eine von ihrer Energie abhängige Wellenlänge zuordnen kann, die eben viel kleiner ist als die des sichtbaren Lichtes. Allerdings gibt es gerade bei den häufig verwendeten Rasterelektronenmikroskopen weitere Faktoren, die das Auflösungsvermögen begrenzen, wie zum Beispiel das Problem, den Elektronenstrahl, der die Probe abtastet, auf einen extrem kleinen Durchmesser zu fokussieren. Es ist deshalb unwahrscheinlich, dass es in absehbarer Zukunft Mikroskope von dieser Art geben wird, die Atome oder Moleküle abbilden können.

Gute Transmissions-Elektronenmikroskope erreichen eine atomare Auflösung. Hier dringt der Elektronenstrahl durch die (notwendigerweise sehr dünne) Probe durch und erzeugt eine Art Schattenwurf. Man erhält so einen Hell-Dunkel-Kontrast, in dem zwar viel Information stecken kann, der jedoch nicht wie bei Rastermikroskopen die perspektivische Darstellung der Probenoberfläche liefert, die unserem räumlichen Vorstellungsvermögen so schön entgegenkommt. Trotzdem sind auch diese Geräte wichtige und in der Nanowissenschaft unverzichtbare Hilfsmittel.

Wie löst nun das Rastertunnelmikroskop (RTM) das Problem der für „atomares Auflösungsvermögen“ notwendigen Kleinheit der Mess-Sonde? Diese besteht aus einer Nadel, die so spitz ist, dass die Spitze nur aus einem einzigen Atom besteht. Zunächst scheint es unmöglich, mit den bekannten Methoden der Materialbearbeitung eine solche Spitze herzustellen. Tatsächlich stellt man jedoch fest, dass auch eine durch normale, mechanische

Bearbeitung hergestellte Spitze – etwa die einer Nadel aus der Nähmaschine – an ihrem Ende mikroskopische Rauigkeiten aufweist. Diese Rauigkeit bewirkt, dass immer irgendein Atom aus der Oberfläche der Spitze etwas herausragt und dadurch der Probe am nächsten positioniert ist. Aus der Tatsache, dass der Tunnelstrom, also die Messgröße bei einem RTM, extrem stark vom Abstand zwischen Nadel und Probe abhängt, ergibt sich, dass dieser Strom weitgehend durch dieses ein wenig herausragende Atom fließt. Somit entsteht praktisch „von selbst“ eine Mess-Spitze von der Größe eines einzigen Atoms, mit einem entsprechend kleinen Auflösungsvermögen. In der Tat kann man bei einfachen Tunnelmikroskopen die Mess-Spitze einfach durch schräges Abschneiden eines Wolfram-Drahtes mit der Kneifzange erzeugen.

Um die Besonderheiten der Nanowelt klarer werden zu lassen, wollen wir das Beispiel des Rastertunnelmikroskops jedoch physikalisch noch etwas genauer betrachten. Keine Sorge, wir werden es ohne Formeln und so anschaulich wie möglich versuchen.

Wie alle Materie ist auch die Spitze des RTM und ebenso die zu untersuchende Probe aus Atomen und Molekülen aufgebaut. Eigentlich bestehen Atome fast nur aus leerem Raum, d.h. ein winziger Kern ist in einigem Abstand umgeben von einer „Wolke“ von noch kleineren Elektronen. Diese Wolke kann man sich etwa vorstellen wie einen Bienenschwarm um einen Bienenstock herum.

Nähert sich nun das äußerste Atom der Nadelspitze langsam der zu charakterisierenden Oberfläche der Probe, kommt irgendwann der Moment, wo die gerade am weitesten vom Atomkern in der Nadelspitze entfernten Elektronen anfangen, sich mit denen zu vermischen, die zu den Atomen der Probenoberfläche gehören. Ab diesem Moment „wissen“ einige Elektronen nicht mehr, ob sie nun ursprünglich zu Atomen der Spitze oder der Probe gehörten, sie können also „die Seite wechseln“. Wenn sich

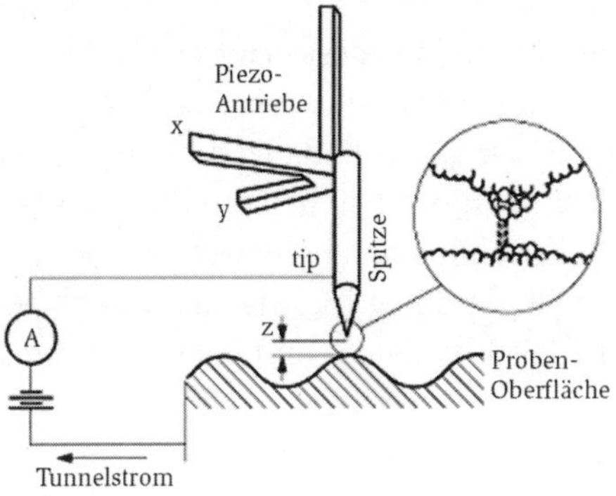

Prinzip des Tunnel-Mikroskops. Der Tunnelstrom fließt über das Atom an der Spitze zur Probenoberfläche, welches jener zufällig am nächsten gelegen ist.
Quelle: Dansk Technical University, Kopenhagen.

Abb. 3

Elektronen aber von einem Ort zum anderen bewegen, heißt das nichts anderes, als dass ein elektrischer Strom fließt, den man messen kann. Dieser Strom fließt (also) bereits, bevor sich Spitze und Probe berühren, und man nennt ihn Tunnelstrom. Es ist klar, dass die Stärke dieses Tunnelstromes stark vom Abstand zwischen Spitze und Probe abhängt. Besteht die Probenoberfläche, mikroskopisch betrachtet, aus Bergen und Tälern, wird der Tunnelstrom höher sein, wenn sich die Spitze über einem Berg befindet, und tiefer, wenn sie über ein Tal wandert. Das ist das Messprinzip des RTM. Im Extremfall der atomaren Auflösung bestehen die „Berge" aus den einzelnen Atomen der Probenoberfläche und die „Täler" aus den Zwischenräumen.

In dem, was eben angesprochen wurde, zeigt sich noch ein weiterer ungewohnter Aspekt der Nanowelt: Aus der alltäglichen Erfahrung wissen wir, dass die Dinge, die uns umgeben, eindeutige Abmessungen haben. Die Länge eines Bleistiftes zum Beispiel kann mit einem geeigneten Messinstrument auf den Mikrometer genau bestimmt werden. Wir wissen genau, wo der Bleistift anfängt und wo er aufhört. Nicht so in der Nanowelt:

Erinnern wir uns an die Spitze des RTM. Wo hört diese auf? Beim Kern des äußersten Atoms? Bei dessen äußersten Elektronen? Nicht von ungefähr ist ja von Elektronenwolken um die Atome die Rede. Deren Anfang und Ende ist recht diffus und nicht präzise definiert, ähnlich wie bei meteorologischen Wolken. Es ist deshalb in der Nanotechnologie wichtig, dass man sich immer vor Augen hält, dass Begriffe wie „berühren" oder „aussehen" ihre Eindeutigkeit verlieren und nicht mehr präzise definiert sind.

***

Abgesehen davon, dass man es mit sehr kleinen Objekten zu tun hat, kann also nicht präzise definiert werden, was zur Nanotechnologie gehört und was nicht. Zwar hat es in der Vergangenheit nicht an Versuchen gefehlt, den Begriff eindeutig zu bestimmen oder abzugrenzen, doch wurden die meisten davon durch die stürmische Entwicklung des Gebietes rasch überholt oder erwiesen sich als unzutreffend oder irreführend. Beispielsweise meinte man in den Anfängen, alles, was sich kontrolliert herstellen lässt und in mindestens zwei Dimensionen weniger als einen Mikrometer misst, gehöre zur Nanotechnologie. Die Halbleiterindustrie fertigte jedoch schon bald konventionelle Elektronik-Chips mit Komponenten, die unter diese Definition fielen, aber sonst nichts mit „Nano" zu tun hatten. Deshalb meinten andere, nur das gehöre zur Nanotechnologie, was kleiner als ein Mikrometer ist und nicht mit den klassischen Methoden der Mikrofertigung hergestellt wird. Durchgesetzt hat sich keine dieser Definitionen. Brauchbar sind hingegen folgende Umschreibungen: Die Nanowissenschaft untersucht Objekte und Materialstrukturen im Nanometerbereich, die *allein aufgrund ihrer Kleinheit neue und veränderte Eigenschaften* zeigen, und versucht, die in diesem „Nanokosmos" geltenden Zusammenhänge und Gesetzmäßigkeiten aufzuklären und damit berechenbar zu machen. Die Nanotechnik ist bestrebt, die von der Nanowissenschaft als interessant und vielversprechend postulierten oder identifizierten Objekte und Strukturen auf kontrollierte und reproduzierbare Weise herzustellen und deren Resultate so in Anwendungen nutzbar zu machen. Wissenschaft und Technik ergeben dann zusammen die Nanotechnologie. Eine klare Abgrenzung zum Beispiel zur Mikrotechnik oder zur Molekularbiologie ist jedoch nicht möglich und auch nicht sinnvoll. Der Begriff Nanotechnologie ist also nicht präzise definiert. Man spricht auch von einer Querschnittstechnologie, die in die verschiedensten Disziplinen hineinwirkt.

Es gibt in der Nanotechnologie bis zu einem gewissen Grade so etwas wie Etikettenschwindel. Hierfür sind diverse Gründe verantwortlich. Einer der wichtigsten ist sicher, dass die Nanotechnologie heute eines der modernsten Forschungsthemen überhaupt ist und ein noch weitgehend positives Image hat. Ähnlich wie in den 50er Jahren des letzten Jahrhunderts ein Naturwissenschaftler mit der Bemerkung „Ich bin Atomphysiker“ noch ehrfürchtige Bewunderung einheimsen konnte, gilt das heute für den Nanowissenschaftler oder die Nanowissenschaftlerin.

Ein ganz wichtiger Grund dafür besteht in den enormen, staatlich finanzierten Förderprogrammen für die Forschung in der Nanotechnologie: Die EU sowie die Industrieländer in Ostasien und Nordamerika überbieten sich seit Jahren mit Forschungsprogrammen in der Nanotechnologie, die in der Summe inzwischen viele Milliarden Euro ausmachen. Solide Forschungsprojekte etwa auf den seit fünfzig und mehr Jahren bestehenden Gebieten der Dünnschicht-Technik oder der Kolloid-Chemie werden flugs als Nanotechnologie deklariert, weil sich dadurch die Chancen auf großzügige Finanzierung sprunghaft erhöhen. So entstand auch der Witz: Was ist der Unterschied zwischen einem zehntel Mikrometer und einhundert Nanometern? Antwort: Letzteres verkauft sich besser.

Doch sollte man die Frage, ob nun „Nano“ oder nicht, bei Forschungsthemen oder neuen Produkten keinesfalls in puristischer Weise angehen. Wichtig ist letztlich, dass durch Forschung neues Wissen entsteht und durch entsprechende Innovationen auch Nutzen für die Menschen geschaffen wird. Durch die laufend weiter verbesserte Präzision der Methoden und Werkzeuge ergeben sich in der Nanotechnologie und in allen damit zusammenhängenden Gebieten besondere Chancen. Die Überlegungen zur Definition des Nano-Gebietes kann man im übertragenen Sinne auch mit einem Zitat des Nobel-Preisträgers Richard Ernst abschließen, der einmal gesagt hat: „Ich kenne keinen Unterschied zwischen Grundlagen- und angewandter Forschung, sondern nur zwischen guter und schlechter Forschung.“

Auch wenn wir oben gesehen haben, dass der Begriff Nanotechnologie nicht präzise definiert oder abgegrenzt werden kann, ist es doch, auch um der besseren Übersicht willen, zweckmäßig, eine gewisse Einteilung vorzunehmen. Man kann drei Hauptgebiete unterscheiden:

Nanoelektronik. Dieses Gebiet kann als logische Weiterentwicklung der Mikroelektronik aufgefasst werden. Durch Nanotechnologie können elektronische Schaltkreise immer mehr Information speichern und immer schneller verarbeiten und übertragen. Das liegt primär daran, dass der Rohstoff „Information“ nicht prinzipiell an die Existenz nennenswerter Mengen von Materie gebunden ist. Theoretisch könnten die Grundelemente der Informatik, nämlich 0 und 1, auch jeweils durch ein einziges Atom oder Molekül dargestellt werden. Gelänge dies, könnten zum Beispiel in einem Silicium-Kristall von der Größe eines Stecknadel-Kopfes 50 Trillionen Bits gespeichert werden. Das entspricht der Datenmenge von mehr als einer Million abendfüllender Spielfilme in DVD-Qualität. Da mit weitergehender Miniaturisierung der Elektronik in der Regel auch eine Steigerung der Leistung und eine Senkung der Kosten einhergeht, wird die

Nanoelektronik dazu führen, dass unser Alltag noch weit mehr als bisher schon von Elektronik durchdrungen sein wird.

Andererseits wird die weitergehende Miniaturisierung zu den Nano-Dimensionen hin dazu führen, dass sogenannte Quanteneffekte, also ungewöhnliche Erscheinungen, die durch die physikalische Quantenmechanik bedingt sind, in den elektronischen Schaltkreisen bemerkbar werden oder diese sogar dominieren. Das kann einerseits stören, andererseits aber auch gezielt ausgenutzt werden. So kann man heute mit nanotechnisch hergestellten Quanten-Kaskaden-Lasern Lichtquellen für Lichtwellenlängen realisieren, die sich kaum anders erzeugen lassen. Auch sind nanoelektronische Komponenten und Schaltkreise die Voraussetzung für die Verwirklichung des Quanten-Computers, von dem in einem anderen Kapitel noch die Rede sein wird.

Nanomaterialien. Hier geht es weniger um neue chemische Verbindungen – obwohl auch neu synthetisierte Moleküle in der Nanotechnik eine Rolle spielen können – als vielmehr darum, bekannte Atome und Moleküle auf gezielte Art und Weise zu neuartigen Aggregaten zusammenzusetzen und die Material-Zusammensetzung auf der Nanometer-Skala zu kontrollieren. Generell wird bei den Nanomaterialien ausgenutzt, dass sehr kleine, also nur wenige Nanometer große „Krümel" eines Stoffes ganz andere physikalische Eigenschaften haben können als größere Brocken desselben Materials. So haben einen Nanometer dicke „Würste" aus Kohlenstoff, sogenannte Nano-Röhrchen, völlig andere Eigenschaften als die bekannten Kohlenstoff-Modifikationen Diamant und Grafit. Die Kunst besteht darin, diese sehr kleinen Partikel zu größeren, für praktische Anwendungen brauchbaren Werkstücken zusammenzusetzen, ohne dass sich die besonderen, durch die Kleinheit der Bestandteile gegebenen physikalischen Eigenschaften ändern. Man versucht, Herstellungsverfahren einzusetzen, die weit ab vom chemischen Gleichgewicht ablaufen, um damit zu erreichen, dass sich nicht die „naturgegebene" Anordnung der Atome und Moleküle im Material ergibt, sondern eben eine gewünschte andere. Dieser Gedanke führt zu der von Chemikern und Materialentwicklern schon lange gehegten Vision, einmal Materialien herstellen zu können, bei denen Art und Platz jedes Atoms beliebig wählbar sind. So würden sich jede theoretisch überhaupt mögliche Materialeigenschaft bzw. Kombination von Eigenschaften realisieren lassen. Auch wenn sich dieser Traum schon aus thermodynamischen Gründen nie ganz umsetzen lassen wird, so können doch nanotechnische Methoden uns diesem Ziel etwas näher bringen. So hofft man etwa auf verschleißfeste, reibungsarme Oberflächen oder sogar „intelligente" Materialien, die aufgrund äußerer Einflüsse wie etwa Temperatur-Änderungen ihre Eigenschaften von selbst ändern.

Bio-Nano. Dieses Gebiet ergibt sich fast von selbst. Bei genauerer Betrachtung ist ja sehr viel von dem, was in biologischen Systemen abläuft, eigentlich Nanotechnologie. Wie funktioniert die gezielte Synthese von Protein-Molekülen in Zellen? Welche Mechanismen sorgen für die Informationsspeicherung im Gehirn? Wie funktioniert der nur wenige Nanometer große Motor, mit dem sich ein Geißeltierchen mit minimalem Energieaufwand fortbewegen kann? Alle diese und noch viel mehr Fragen werden sich mit den Methoden der Nanotechnologie früher oder später beantworten lassen. Erst das detaillierte Verständnis der biologischen Mechanismen und Prozesse wird es erlauben, zum Beispiel gezielt Therapien gegen heute noch als unheilbar geltende Krankheiten zu entwickeln – und das mit minimalen Nebenwirkungen und zu vertretbaren Kosten. Und vielleicht gelingt es eines Tages, solche biologischen Systeme mit nanotechnischen Methoden nachzubauen.

Dies sind eher noch entfernte Zukunftsvisionen, doch hat „Bio-Nano" auch heute bereits konkrete Anwendungen. Eine der bekanntesten sind die auf Nanotechnologie basierenden Gen-Chips, mit denen etwa in Kriminalfällen ein Täter eindeutig überführt werden kann, auch wenn er nur ein einziges Haar am Tatort verloren hat.

Es sei hier nicht verschwiegen, dass die Forschung auf diesem Gebiet dank der im Bereich der Molekular-Biologie und der Biochemie entwickelten Methoden auch ohne die Nanotechnologie Enormes erreicht hat. Man denke nur etwa an die Entschlüsselung des menschlichen Erbguts oder an die Gentechnik. Gerade aber die Kombination dieser Techniken mit denen der Nanotechnologie wird ungeahnte Möglichkeiten in Biologie und Medizin eröffnen. Gerade auch hier werden allerdings ethische Aspekte wesentlich stärkere Beachtung erfahren müssen als in der Elektronik oder bei Materialien.

Herstellungsverfahren. Neben den drei genannten Hauptgebieten gibt es große Anstrengungen, neue Fabrikationsprozesse für die Nanowelt zu entwickeln, gewissermaßen als Querschnittstechnologie zu den drei Anwendungsbereichen. Die meisten der heute sehr zahlreich vorgestellten Forschungsresultate in der Nanowissenschaft werden mit komplizierten, langsamen und teuren Labormethoden gewonnen. Das ist üblich in der Wissenschaft, jedoch unbrauchbar für die Fertigung von Produkten in industriellem Umfeld. Hier werden robuste und kostengünstige Verfahren gesucht, die sich für die Massenherstellung von Nano-Gütern eignen und die dafür notwendige Präzision aufweisen. Einerseits wird die Verfeinerung bestimmter, im Grundsatz bekannter Herstellungsprozese zu immer perfekterer Präzision in Richtung des Nanometers vorangetrieben. Hierfür hat sich der Sammelbegriff „top-down Ansatz“ eingebürgert. Daneben versucht die Nanotechnologie in ersten Ansätzen, einen völlig neuen Weg in der „Produktion“ von künstlichen Materialien und Komponenten zu gehen, der bisher nur in der Natur vorkommt. Dort bilden sich bekanntlich die Lebewesen und ihre Bestandteile aus Nährstoffen, bestimmen Molekülen, Sauerstoff usw. mittels Selbstorganisation und entwickeln sich so bis zu ihrer endgültigen Form und Funktion. In der Nanotechnologie spricht man hier vom „bottom-up“-Ansatz.

Nach all dem Gesagten fragt man sich: Wann kommt denn die Nano-Revolution? Nun, es wird sicher nicht schlagartig gehen. Die Vorstellung, dass es irgendwann einen großen Knall gibt und nachher alles „Nano“ ist, geht an der Realität vorbei. Die Einführung der Nanotechnologie wird Jahrzehnte beanspruchen, so wie im 19. und 20. Jahrhundert die Ersetzung von Dampfmaschinen durch elektrische Antriebe ebenfalls Jahrzehnte gebraucht hat. Teilweise existiert die Nanotechnologie bereits heute: Quanten-Kaskaden-Laser in der Elektronik, Wasser abweisende Beschichtungen für Windschutzscheiben als Materialien oder Gen-Chips in der Biologie. Aber das ist erst der Anfang.

Im günstigsten Fall wird die Nanotechnologie in den kommenden Jahrzehnten zu einem nachhaltigen Wachstumsmotor für Wirtschaft und Gesellschaft, mit immer neuen Produkten und Verfahren, die uns das Leben angenehmer, sicherer, gesünder usw. machen werden. Zu hoffen ist, dass sich die jeder neuen Technologie inhärenten Risiken als beherrschbar erweisen und dass wir vor allem von den in Aussicht gestellten Segnungen auch profitieren können. Welche das konkret sein werden, soll in den folgenden Kapiteln anhand von Beispielen aufgezeigt werden.

Zwischen Quanteneffekten und Makrowelt

Interview der Herausgeberin mit Jörg P. Kotthaus

Bei der Nanotagung auf Schloss Thurnau habe ich Sie als einen Wissenschaftler erlebt, der seine Begeisterung für die Forschung auch einem breiteren, nicht nur fachspezifischen Publikum sehr gut vermitteln konnte.

Ich sehe das so: Als Wissenschaftler sollte man der Öffentlichkeit auch behilflich sein und sich deshalb auch an eher populären Projekten beteiligen. Das hat noch weitere Vorteile: Wenn ich versuche zu erklären, woran ich arbeite, dann bin ich gezwungen, auch selbst darüber nachzudenken, ob ich all das wirklich verstehe. Man sollte als Wissenschaftler der Öffentlichkeit seine Ohren und seinen Mund öffnen, selbst auf die Gefahr hin, dass manches dem Anspruch der Exaktheit, den man Dritten gegenüber hat, nicht standhält. Wenn ich einem Laien etwas erkläre, kann es durchaus sein, dass andere Physiker, wenn sie das lesen, die Nase rümpfen. Aber auch damit muss man leben können. Man muss sich eingestehen, dass man Fehler machen kann, auch in der Darstellung. Wissenschaft heißt ja, an Grenzen zu arbeiten. Und wenn man an Grenzen des Verständnisses arbeitet, dann muss man auch Risiken der Vereinfachung eingehen dürfen.

Erinnern Sie sich noch an Ihre Reaktion, als Sie zum ersten Mal vom Rastertunnelmikroskop gehört haben?

Sehr gut sogar. Ich war begeistert, und insbesondere deshalb, weil ich dem einen der Erfinder des Rastertunnelmikroskops drei

Jahre vorher einen Job angeboten hatte, da er mich mit einem Vortrag sehr beeindruckt hatte: Gerd Binnig. Ich sagte mir, da ist einer, der Dinge wagt, von denen die Leute sagen, die können doch nicht funktionieren! Wenn Sie damals jemandem erzählt hätten, dass man mit Hilfe der Spitze des Rastertunnelmikroskops in der Lage sein würde, Atome abzubilden, dann hätten wahrscheinlich 99 Prozent aller Physiker Sie für verrückt erklärt: Das kann aus dem und dem und dem Grund nicht gehen! Dass da aber jemand kommt, der daran glaubt und es einfach macht, hat mich schon sehr beeindruckt, und es zeigt eben auch, dass Vorurteile das größte Hindernis der Wissenschaft sind. Wenn heute ein junger Student etwas macht, womit er mir zeigt, dass ich in meinem Vorurteil nicht in der Lage war, zu sehen, dass es möglich ist, dann bin ich immer völlig begeistert! Das ist das Spannende an der Wissenschaft, dass man wirklich neue Sachen macht!

Und vom Rastertunnelmikroskop war ich damals total fasziniert. Damals wusste man ja noch nicht einmal, dass man mit einigen Tricks heute so ein Gerät auf einen normalen Tisch stellen kann – und es funktioniert immer noch. Man hatte sich extreme Mühe gegeben, mit Dämpfungen Störungen von außen abzuschirmen. Heute gibt es eine Vielzahl von Rastersondenmikroskopen, die in gewisser Weise leichter sind als ein Tunnelmikroskop.

Leichter in welchem Sinn? Gewicht? Oder Handhabung?

In der Handhabung. Das Problem beim Tunnelmikroskop ist: Beim Tunneln bringen Sie die Spitze so nahe heran, dass Elektronen durch das Vakuum oder zum Beispiel die Luft ohne große Spannung durchtunneln können. Darauf kommen wir gleich noch. Und das ist extrem abstandsempfindlich, und zwar exponentiell. Dies macht die Sache deutlich schwieriger, als wenn Sie zum Beispiel ein Rasterkraftmikroskop nehmen, wo die Kraftwirkung zwar auch eine ziemlich große Abstandsabhängigkeit hat, aber doch eine deutlich geringere, als wenn sie exponentiell wäre.

Und wenn draußen die Straßenbahn vorbeifährt?

Das ist heute kein Problem mehr. Gut, wenn man einzelne Atome sehen will, muss man sich immer noch Mühe geben. Jedenfalls – ich war restlos begeistert vom Rastertunnelmikroskop!

Was ist für Sie das Faszinierendste an den Ergebnissen, die durch dieses Mikroskop erreicht werden können?

Dass man im Ortsraum Bilder machen kann. Das heißt, man kann von einer Oberfläche wirklich Bilder zeigen, zum Beispiel wie die Atome in einem Kristall angeordnet sind. Das wusste man natürlich schon vorher durch eine andere Art der Abbildung, nämlich die Röntgenbeugung. Witzigerweise saß ja in diesem Raum, in dem wir hier sprechen, vor etwa 80 bis 100 Jahren Wilhelm Röntgen, es war sein Arbeitszimmer. Drüben im Keller arbeitete Max von Laue, und er tat genau das, was auch Gerd Binnig gemacht hat. Er machte nämlich ein Experiment, von dem die Experten, sprich Röntgen, sagten: Das kann nicht funktionieren! Röntgen war fest davon überzeugt, dass Laue, wenn er Röntgenstrahlen auf einen Kristall schickt, nicht in die Kristallstruktur hineinsehen kann, weil die Atome zu sehr wackeln.

Aber es war doch so!

Ja, es war doch so! Laue hat dann die Kristallstruktur gesehen, die Atome haben nicht zu sehr gewackelt. Natürlich haben die Atome gewackelt, aber sie haben sozusagen um ihre Gleichgewichtslage gewackelt. Und die Gleichgewichtslage ist streng periodisch. Wenn ich lange genug gucke, sehe ich vor allem die Gleichgewichtslage. Kristallstrukturen konnte man also rekonstruieren aus Beugungsphänomenen, aber man konnte sie nicht wirklich abbilden. Man konnte sich sozusagen durch mathematische Umformung ein Bild davon machen.

Liegt denn dazwischen noch so ein gravierender Unterschied? Wenn ich mir indirekt ein Bild mache, und es ist zutreffend, habe ich doch auch ein Bild! Außerdem: Was das Rastertunnelmikroskop sozusagen ertastet, ist doch auch indirekt und muss doch auch erst zu einem Bild gemacht werden.

Ja, aber es gibt einen großen Unterschied: Bei der Beugung sieht man eben die Struktur im Impulsraum – was immer das heißen mag –, man sieht sozusagen die Regelmäßigkeit einer Struktur. Wenn ich aber jetzt hingehe und aus einem periodischen Kristall an einer Stelle ein Atom rausnehme, dann kann ich das in einem Beugungsbild nicht sehen. Ich müsste schon viele Atome rausnehmen, um etwas zu sehen, weil ich dort vor allem die Regelmäßigkeit einer Struktur erkenne, nicht aber die Störung. Im Ortsraumbild erkenne ich natürlich die Störung direkt, denn da sehe ich: Hier *ist* ein Atom und hier ist *kein* Atom. Das heißt, im Rastersondenverfahren kann ich Strukturen anschauen, von denen ich nicht sehr viele Einheiten habe. Für das Röntgenbild eines Kristalls dagegen brauche ich einen ziemlich großen – heute nicht mehr ganz so großen, aber damals ziemlich großen – perfekten Kristall, um die Periodizität zu sehen. Bei der Rastersondenmikroskopie reichen mir sechs Atome – auf einer Oberfläche natürlich. Ich kann also Bilder machen von sehr kleinen Atom-Ensembles, denn dieser Mittelungseffekt, den ich beim Röntgen brauche, um etwas zu sehen, fällt weg. Man kann mit der Rastersondenmikroskopie viel lokaler hinschauen und auch lokal manipulieren.

Sehr oft wird über das Rastertunnelmikroskop so geredet, als ob es hier um eine Art Abtasten einer Realität mittels eines Blindenstocks ginge, dessen Ergebnisse dann in einem Bild sichtbar gemacht werden. Aber die Sache ist doch noch etwas raffinierter, das Mikroskop arbeitet ja mit Quanteneffekten. Könnten Sie ein wenig über diese merkwürdigen Tunneleffekte sagen?

Das Rastertunnelmikroskop arbeitet natürlich mit Quanteneffekten, aber es gibt heute auch Rastersondenmikroskope, wie das Rasterkraftmikroskop, die weitgehend ohne Quanteneffekte auskommen.

Also doch so eine Art Blindenstock!

Ja, schon so eine Art Blindenstock! Der Vergleich mit dem Blindenstock ist für Rasterkraftmikroskope durchaus angebracht, weil man da einfach die Auflagekraft misst, die beim Annähern der Spitze an die Oberfläche wirkt. Beim Rastertunnelmikroskop misst man eben nicht die Kraft, wie beim Tasten, sondern man misst den Elektronenstrom, der dadurch zustande kommt, dass Elektronen dort durchgehen, wo normalerweise, im makroskopischen Bild, Teilchen nicht durchgehen.

Wo gehen sie durch?

Durchs Vakuum oder durch eine andere Barriere. Das kann man sich am besten klar machen, wenn man Elektronen nicht als Teilchen betrachtet, sondern als Wellen. Ich kann mir nur schlecht vorstellen, dass ein Teilchen nur zum Teil irgendwo durchgeht, wohl aber kann ich mir das bei einer Welle vorstellen. Denken Sie sich, Sie stehen am Starnberger See, da ist eine Stufe, und es kommt eine Welle an. Wenn die Stufe hoch ist, geht die Welle zurück. Wenn die Stufe flach ist, dann geht die Welle ein bisschen darüber. Das Bild ist etwas gefährlich, denn das Ganze funktioniert nur, wenn die Stufe knapp an der Wasseroberfläche liegt. Aber es vermittelt so ein Gefühl dafür, dass Wellen zum Teil durch etwas hindurchgehen können. Der Witz beim Tunneln ist: So eine Elektronenwelle geht durch etwas hindurch, wo klassische Objekte nicht hindurchgehen. Hinzu kommt aber noch – und das ist das Wesentliche beim Rastertunnelmikroskop: Wie viel durchgeht, hängt ganz entscheidend vom Abstand ab. Man schickt einen Strom aus der Spitze in das darunterliegende Substrat. Und wie stark der Strom ist, hängt ganz ausgesprochen, nämlich exponentiell, davon ab, wie nahe die Spitze an der Oberfläche ist. Ich muss ganz nahe herankommen, um den Strom messen zu können. Ich gehe immer näher heran, und irgendwann, wenn ich ganz nahe dran bin, fängt ein Strom an, den ich messen kann, und er wird exponentiell größer, je näher ich rangehe. Die Schwierigkeit ist: Wie weit ich weg bin, weiß ich erst, wenn ich ganz nahe dran bin, denn vorher kann ich nichts messen. Man muss also möglichst nah an seine Probe drankommen, aber nicht so nahe, dass man seine wunderschöne Spitze kaputtmacht. Das war das Besondere, dass man einen Mechanismus gefunden hatte, der hinreichend kontrolliert an diesen engen Bereich herangehen kann, der ja nur sagen wir einmal drei Nanometer misst oder, anders ausgedrückt, zehn Atom-Lagen dick ist. Die ersten Tunnelmikroskope waren wirklich technisch sehr aufwändig. Heute hat man gelernt, wie man das baut, damit alles möglichst wenig wackelt.

Und die Atome, die man mit dieser Spitze bestreicht, ergeben dann ein Bild wie eine Art Landschaft, je nachdem, wie groß der Strom, der fließt, jeweils ist?

Man muss ein bisschen aufpassen mit den Atomen. In den Bildchen, die wir abbilden …

… *da sehen sie immer aus wie Kügelchen!*

Ja, eben wie Kügelchen. Auf der anderen Seite sind Atome aber eher wie Wolken. Stellen Sie sich eine Wolke vor, in der ein paar Eisklümpchen sitzen. Die Eisklümpchen sind die Atomkerne, und die Wolke sind die Elektronen. Das ist nun das Bild, mit dem man Elektronen nicht nur als Teilchen betrachtet, sondern eben, nicht lokalisiert, als Wellen. Wenn ich mir ein Atom vorstelle, dann stelle ich es mir immer als Elektronenwolke um den Kern herum vor, wie einen Wattebausch. Und wenn ich da mit einer Spitze drankomme, dann kann ich den Wattebausch auch deformieren, also beeinflussen usw.

Die Spitze beeinflusst dann das Bild …

Ja, klar. Das heißt, was wir hinterher als Bild herausziehen, dass es so harte Kugeln sind, das ist natürlich sehr mit Vorsicht zu genießen. Das sind keine harten Kugeln, aber die Kräfte, die wirken, nehmen mit der Verringerung des Abstands sehr schnell zu. Harte Kugel heißt: Ich komme mit dem Finger heran und weiter geht es nicht. Tennisball würde heißen: Ich komme mit dem Finger heran und kann ihn ein bisschen eindrücken. Und je nachdem, welches Experiment ich mache, sehe ich die Elektronen wie eine harte Kugel oder sehe sie wie einen Tennisball oder sehe sie wie einen Wattebausch. Neutronen zum Beispiel „sehen" Atome wie einen Wattebausch, sie „sehen" die Elektronen fast nicht, sie gehen durch und „sehen" nur den Kern. Elektronen dagegen „sehen" das schon eher so wie einen Tennisball, weil eben die Atomhülle auch Elektronen sind, die sich abstoßen.

Und dann hat das Atom schon kugelige Gestalt.

Ja.

Bis zum Zentrum kommen die Elektronen ja gar nicht hin …

Genau, da kommen sie nicht hin. Der Atomkern ist ja tausendmal kleiner als die Elektronenhülle des Atoms, und die kugeligen Gestalten sehe ich deswegen, weil die Elektronen um ihn herum regelmäßig angeordnet sind. Dass es aber trotzdem Wattebäuschchen sind, erkennt man daran, dass man heute mit der Rastersondenmikroskopie in der Lage ist, Strukturen auf einer Skala zu sehen, die etwas kleiner ist als der Durchmesser der Atome. Das heißt sogar, es sind nicht nur kugelige Formen, sondern manchmal sieht man auch so keulenartige oder kürbisförmige Gebilde, man sieht also sogar ein bisschen Substruktur, ganz wenig bisher, aber man sieht es.

Und die Gebilde behalten diese Form?

Die behalten sie natürlich nur, wenn das Atom in ein Kristallgitter fest eingebaut ist und seine Bindung Arme hat, die es festhalten. Es darf sich nicht drehen.

Gewisse Bewegungen machen Moleküle und Atome aber trotzdem?

Es bewegt sich alles immer!

Andererseits gibt es aber doch den absoluten Temperatur-Nullpunkt?

Ja, das sagt aber nichts! Also: Die Bewegung von Atomen kann ich einschränken, aber sie bewegen sich immer. Nehmen Sie zum Beispiel Luft. Da ist die Bewegung der Atome überhaupt nicht eingeschränkt, sie stoßen zwar aneinander, aber können dann wieder überall hin. Bei einer Flüssigkeit ist die Bewegung schon stärker eingeschränkt insofern, als es eine Oberfläche gibt. Nun nehme ich einen Kristall, da können die Atome nicht so umherwuseln, sondern bewegen sich um eine Gleichgewichtslage, aber sie bewegen sich, sie zittern.

Jetzt wird es furchtbar kalt …

Jetzt wird es furchtbar kalt – und wenn die Quantenmechanik nicht wäre, dann würden die Atome erstarren … Aber die Quantenmechanik sagt mir, dass ich eine Nullpunktsenergie habe. Es gibt also eine endliche gespeicherte Energie in dem System auch bei Temperatur Null, die ich nicht herausziehen kann, sie ist da einfach drin. Den absoluten Nullpunkt kann ich natürlich nicht erreichen. Aber wenn ich ihn erreichen könnte – ich komme ziemlich nahe, heute kann man Atome kühlen auf ein milliardstel Grad über dem absoluten Nullpunkt mit allen Tricks –, selbst am absoluten Nullpunkt zittern die Atome ein bisschen.

Also: Ich erreiche ihn zwar nicht hundertprozentig, aber ich weiß, dass die Atome auch am absoluten Nullpunkt zittern würden.

Sagen wir mal so: Sie zittern mehr als ich klassisch aus der Temperatur, die ich messen kann, erwarten würde. Wenn ich die Temperatur messe, bekomme ich ja ein Maß für das klassische Zittern, die thermische Bewegung, und da erwarte ich von der Temperatur Null klassisch, dass sich die Atome nicht mehr bewegen. Aber: Sie zittern mehr, als es bei der kleinsten Temperatur zu erwarten wäre.

Diese Aussage kann ich auch dann machen, wenn ich diese Temperatur nie erreichen kann?

Ja. Wir arbeiten im Augenblick gerade an Experimenten, bei denen wir mit einem nanomechanischen Resonator versuchen, die Nullpunktsbewegung nachzuweisen. Das heißt, wir hoffen, so weit in der Temperatur herunterzukommen, dass die messbare Nullpunktsbewegung viel größer ist als die thermische Bewegung.

Ist eigentlich die Bewegung der Elektronen für die Bewegung der Atome – das Zittern – verantwortlich?

Nein. Man muss sehr aufpassen, wenn man sagt, Elektronen bewegen sich.

Besser: Schwingung …

Genau. Wenn man sagt, Elektronen bewegen sich auf so einer Wellenbahn, die sich in den Schwanz beißt, dann bewegen sie sich in gewissem Sinne …

… aber auch wieder nicht, weil es eine stehende Welle ist.

So ist es! Der Begriff der stehenden Welle ist in der Physik immer kombiniert mit einer diskreten Energie.

Und was ist dann verantwortlich für das Zittern der Atome?

Die Nullpunktsbewegung der Atome bei Temperatur Null ist ein rein quantenmechanisches Phänomen, das etwas mit der

Heisenberg'schen Unschärferelation zu tun hat. Das heißt schlicht und einfach, ich kann eine Minimalenergie für ein Teilchen vorgegebener Masse nicht unterschreiten. Und: Energie ist immer Bewegung.

Ist das Maß dieser Energie prognostizierbar, je nach Atomart?

Man kann die Größe der Nullpunktsbewegung vorhersagen. Aber in der Quantenmechanik muss man manche Dinge einfach akzeptieren, ohne sie zu verstehen.

Könnte man denn so eine Bewegung mit dem Rastertunnelmikroskop abbilden?

Man kann sicher Konsequenzen der Bewegung abbilden. Die Bewegung selbst abzubilden hieße aber, dass sozusagen das Tunnelmikroskop oder die Atome des Tunnelmikroskops der Bewegung nicht unterliegen würden, was aber natürlich nicht der Fall ist. Ich bräuchte dazu etwas, das sich selber nicht bewegt.

Hat man denn durch die Ergebnisse der Nanoforschung noch Neues über die Quantenmechanik erfahren, was man vorher noch nicht gewusst hat?

Ja und nein. Man hat die Grundzüge der Quantenmechanik nicht geändert. Die Quantenmechanik der 30er Jahre ist nach wie vor die Quantenmechanik, die wir in 95 bis 99 Prozent unserer Arbeit benutzen.

Ist irgendetwas dazugekommen durch die Nanoforschung?

Das hängt immer davon ab, wie man so etwas ansieht. Dazugekommen ist, dass wir gelernt haben, die Quantenmechanik zu beherrschen. Das ist aber mehr ingenieursmäßig, wir haben sozusagen gelernt, die Quantenmechanik zu zähmen. Was wir in der Nanotechnologie gelernt haben ist: maßzuschneidern. Ich mache künstliche Systeme, deren Eigenschaften ich mit Hilfe der Quantenmechanik maßschneidern kann.

Und das hat man vor einiger Zeit noch gar nicht gekonnt?

Natürlich nicht. Wenn ich vor dreißig Jahren Aufgaben gegeben hätte über Quantenmechanik, dann hätten die sich immer bezogen auf atomare Systeme, weil man geglaubt hat, die Quantenmechanik spiele nur in atomaren Systemen eine Rolle, also zum Beispiel im Wasserstoffatom usw. Wenn ich heute eine Übungsaufgabe zur Quantenmechanik gebe, lasse ich die Studenten erst einmal einen Quantentopf-Laser rechnen, das geht viel einfacher als das Wasserstoff-Atom, und ich kann dann durch ein Experiment beweisen, dass das richtig ist. Man hat also gelernt, mit der Quantenmechanik als Werkzeug umzugehen, um maßzuschneidern.

Können die Quanteneffekte mich denn nicht auch stören beim Maßschneidern?

Die stören mich nicht.

Wenn ich mich in die Nanowelt begebe, komme ich ja zwangsläufig mit Quanteneffekten in Berührung.

Das ist völlig richtig.

Und diese Quanteneffekte könnten mich doch insofern stören, als sie meine Absichten durchkreuzen könnten?

Ja, aber Quanteneffekte sind in diesem Sinn keine Störung, kein „Dreckeffekt", sondern ich kann sie sehr genau vorhersagen.

Statistisch?

Ja und nein. Lange Zeit war die rein statistische Interpretation der Quantenmechanik das, was wir beigebracht bekommen haben. Wenn ich allerdings heute in der Lage bin, dafür zu sorgen, dass zu einer ziemlich gut bestimmten Zeit ein ziemlich gut bestimmtes Lichtquant aus einem künstlichen Atom herauskommt, dann widerspricht das ein bisschen dieser Statistik.

Dann wäre ja prognostizierbar, was dieses „Ding" tut?

Es ist in gewisser Weise – mit Grenzen – determinierbar. Das Problem ist: Unter gewissen Randbedingungen kann ich Dinge nicht prognostizieren. Ich muss mich also immer fragen: Wie mache ich die Randbedingungen, damit ich das, was ich machen will, mit hinreichender Sicherheit prognostizierbar machen kann. Ich benutze dabei in gewisser Weise die Unbestimmtheit der Quantenmechanik, aber diese Unbestimmtheit ist nicht unbedingt Unordnung. Ich will zum Beispiel gar nicht wissen, was der Ort und Impuls ist, ich lasse also die Finger weg und mache kein Experiment, dann ist das Ganze ein wohl definiertes System.

Aber das weiß ich dann ja gar nicht, wenn ich die Finger weglasse!

Das ist ja egal. Es ist ein wohl definiertes System.

Und woher weiß ich dann, dass es wohl definiert ist?

Indem ich beispielsweise hinterher die Energie messe, beliebig scharf. Nur weiß ich dann nicht, wo der Ort ist. Ich kann natürlich auch den Ort genau messen, dann weiß ich nicht, welches der Impuls ist.

Das genügt mir aber, weil eines von beiden reicht, um damit umzugehen und um maßzuschneidern …?

Genau. Das ist ja auch genau das, was man bei der Quanteninformationsverarbeitung macht. Quanteninformationsverarbeitung heißt im Grunde genommen: Ich habe eine schwarze Kiste, mein quantenmechanisches System, und stecke von außen Information rein, und dann lasse ich die Kiste quantenmechanisch arbeiten, ohne auch nur hinzuschauen …

Das wäre nämlich ganz schlimm …

Ja! Bloß nicht! Finger weg! Und wenn ich glaube, jetzt hat

das Ding das gemacht, was ich gerne hätte, schaue ich nach. Aber zwischendurch lasse ich bitte die Finger davon!

Ich werde aber auch nicht besonders überrascht durch das, was in der Kiste produziert wird – oder doch?

Ja, das ist genau die Schwierigkeit! Ich muss, indem ich lerne, diese schwarze Kiste zu beherrschen, dafür sorgen, dass ich zumindest zum Teil weiß, was hinterher herauskommt. Der Witz ist, ich kann gewisse Sachen sehr determiniert bestimmen, wenn ich akzeptiere, dass ich dazu komplementäre Sachen nicht weiß. Hier kommt ein Begriff der Quantenmechanik ins Spiel, der beliebig schwer vorstellbar ist, aber ich nenne ihn trotzdem einmal: Verschränkung! Was heißt Verschränkung? Es gibt einen schönen Aufsatz von Einstein, Podolski und Rosen, in dem das sogenannte EPR-Phänomen beschrieben ist. Das habe ich unheimlich fasziniert mit vielleicht 16, 17 Jahren gelesen und mir gesagt: Okay, das ist ein Gedankenexperiment. Heute akzeptiere ich, dass zum Beispiel dort drüben im Nachbargebäude dieses Gedankenexperiment *real* gemacht wird. Mein Kollege Professor Weinfurter dort drüben macht Quantenkryptografie und benutzt die Verschränkung, das heißt, er hat gelernt, damit umzugehen und so zu tun, als wäre diese Verschränkung deterministisch, und für gewisse Sachen ist sie auch deterministisch. Er kann quantenkryptografisch Information übertragen über 60 oder 100 Kilometer. Das wird heutzutage schon bei Banken eingesetzt. Sie können mit Quantenkryptografie verschlüsselte Informationen so übertragen, dass Sie feststellen können, wenn Sie belauscht werden. Und das alles beruht auf der Verschränkung quantenmechanischer Zustände, auf diesem EPR-Phänomen. Wie kann man über Verschränkung reden? Verschränkung ist schwer vorstellbar, aber auch ich versuche ja manchmal, mir das vorzustellen. Wenn ich einen verschränkten quantenmechanischen Zustand habe, dann kann ich mir vorstellen, er besteht aus zwei Teilen, die aber nicht losgelöst voneinander, sondern vielmehr korreliert sind. Also: Wenn das eine Teilchen am einen Ende des Universums den Daumen hochhält, muss in diesem Zustand das andere Teilchen am anderen Ende des Universums den Daumen 'runterhalten.

Woher weiß das andere Teilchen, dass es das andere ist?
Ja, das ist genau das Problem der Verschränkung!

Die Teilchen sind ja paarig, irgendwann waren sie einmal zusammen.
Richtig, irgendwann waren sie einmal zusammen. Heute mache ich EPR-Paare im Labor und schicke Photonen aus, die genau das machen. Solange ich nicht messe, weiß ich nicht, hebt jetzt dieser den Daumen oder jener.

Wenn ich aber den einen messe, weiß ich, dass der andere die Entsprechung macht.
Ja, und das passiert gleichzeitig. Wenn ich solche verschränkten Paare miteinander kombiniere, dann könnte ich Teleportation machen.

Sie arbeiten ja nun an dem Quantencomputer.
Also erstens: Es gibt ihn nicht, noch nicht!

Aber Sie arbeiten daran …
Ja, wir arbeiten daran.

Hängt der entscheidende Witz dieses Quantencomputers damit zusammen, dass es in der Quantenwelt nicht eine zweiwertige Logik gibt, sondern dass alle Zustände zwischen Ja und Nein auch möglich sind, weshalb unter Verwendung dieser Möglichkeiten viel effektiver gespeichert werden kann?
Das ist völlig richtig. Sie können sich das vorstellen mit Hilfe eines Uhrzeigers. In der klassischen Bit-Welt gibt es nur die

Einstellung „Ja“ oder „Nein“. In der Quantenwelt gibt es nun sämtliche Stellungen des Uhrzeigers, und das sogar dreidimensional, so, wie wenn man einen Zeiger auf einer Kugel herumbewegen könnte. Das sind natürlich unwahrscheinlich viele Zustände …

Die ich kontrollieren kann?

Das ist gerade das Problem beim Quantencomputer. Ich muss diese Zustände kontrollierbar einstellen, außerdem muss ich Manipulationsverfahren erfinden, um sie in verschiedene Zustände zu überführen – auch um sie miteinander wechselwirken zu lassen, ohne dass ich hingreife, das heißt, ich darf zwar von außen Licht einstrahlen, ich darf aber nicht messen, denn messen ist der Tod des Quantencomputers. Solange der Quantencomputer rechnet: Finger weg! Und wenn er fertig ist, oder ich meine, jetzt kann ich mal schauen …

Das klingt alles so menschlich: Wenn ich meine, jetzt kann ich mal schauen – klingt ein bisschen sehr subjektiv. Das kommt mir fast vor, wie wenn Kinder vor dem Weihnachtszimmer warten, und irgendwann dürfen sie reinkommen.

Nein, es geht schon exakter in dem Sinne, dass ich sage, wenn ich das System hinreichend robust baue, dann weiß ich aufgrund der vergangenen Zeit: Jetzt darf ich hinschauen! Das ist ja auch so beim Weihnachtsbaum-Schmücken: Ich weiß, die Mama braucht immer eine Stunde, und dann läutet die Glocke, und ich darf hinschauen.

Und dann schaue ich auch ohne die Glocke hin, weil ich weiß, wann die Zeit um ist?

Ja, okay. Aber ich muss eben den Anfangszustand wohl definiert machen und ich muss Wege finden, mögliche Fehler zu reparieren.

Und dazu muss ich wissen, wo diese sind.

Das ist eben genau das Problem. Auch der klassische Computer arbeitet ja nicht fehlerfrei, er hat eine eingebaute Fehlerkorrektur. Beim Quantencomputer ist in der Tat zunächst das Problem: Wie sorge ich dafür, dass ich die Fehler überhaupt weiß, ohne dass ich den Zustand zerstöre? Das ist ganz trickreich: Man macht das so, dass man in sein Informationspaket noch zusätzliche Informationen hineinnimmt, die man gar nicht braucht. Und an denen kann ich vorsichtig messen, ohne dass die Hauptinformation kaputtgeht. Weil die zusätzliche Information aber mit der Hauptinformation verschränkt ist, sagt sie es mir, wenn ein Fehler auftritt. Das war auch der Durchbruch des Konzepts des Quantencomputers. Aber das ist noch weitgehend Theorie, man ist heute in dem Stadium eines kleinen Kindes, das sich fürchterlich freut, wenn es zusammenzählen kann „Eins plus eins ist zwei".

Sie sind aber guter Hoffnung, dass der Quantencomputer eines Tages kommt?

Sagen wir mal, ich bin guter Hoffnung, dass er irgendwann kommt. Nur, was ich nicht weiß, ist, ob man nicht bis dahin gelernt hat, mit einem klassischen Computer die Probleme, die man mit einem Quantencomputer rechnen möchte, auch zu rechnen. Es würde nie genauso gut gehen wie bei einem Quantencomputer, aber möglicherweise viel billiger.

Gibt es nicht beim klassischen Computer eine grundsätzliche Grenze, über die man, was die Speicherkapazität betrifft, nicht hinausgehen kann?

Für gewisse Probleme werden die Rechenzeiten irgendwann viel zu lang. Aber nur, wenn man die Probleme mit besonders großer Genauigkeit lösen will.

Und irgendwann braucht man das gar nicht mehr.

Richtig. Einen Quantencomputer als Spielzeug für Physiker wird es sicher eines Tages geben. Ob Sie aber zu Hause irgendwann so ein Ding auf dem Tisch stehen haben werden, das weiß ich nicht.

Nun zum Schluss noch eine ganz andere Frage: Ich habe mir das immer so vorgestellt, dass viele technologische Vorgehensweisen im Nanobereich etwas fast Handwerkliches haben. Man macht durch Eingriffe auf atomarer und molekularer Ebene bestimmte Muster und möchte dann die Natur dazu bewegen, diese Muster massenhaft zu erzeugen.

Das ist nicht ganz so. Dieses Legobildchen ist weit verbreitet, aber da muss man aufpassen. Im Grunde genommen will man die Natur imitieren, und die Natur arbeitet nicht so; denn das Legobildchen sagt ja, Sie haben irgendwo einen Bauplan auf dem Tisch, wonach Sie die Dinge zusammenfügen. Aber das wäre dumm und sehr mühsam, wenn ich es mit Atomen machen würde.

Wenn ich es einmal mache und es dann durch Selbstorganisation vervielfältigt würde?

Das ist genau der Punkt. Wie macht denn die Natur das ? Die ist ja viel cleverer, die macht einen Code für den Bauplan in der DNA und baut daraus die Maschinen, die dann über Selbstorganisation alles zusammenbauen. Das heißt, die Natur arbeitet nicht ingenieursmäßig mit einem Werkzeug, sondern sie macht ganz kleine Informationseinheiten, die DNA, und benutzt diese Informationseinheiten, um größere Maschinchen zu bauen, die Proteine, die sich dann zusammentun, um größere Maschinchen zu bauen: Zellen, dann Organellen oder Organe usw. Viel faszinierender also ist, wenn wir in der Lage sind, Information auf der Nanometerskala dazu zu bringen, Maschinchen zu bauen, wie es die Natur macht.

Und zwar auch solche, von denen ich vorher nicht genau weiß, was dabei herauskommt?

Das ist in gewisser Weise unvermeidbar – in der Natur nennt man das Mutationen, und das gibt es hier natürlich auch. Das heißt, ich muss experimentieren: Wie bringe ich kleine Dinge dazu, sich selbst zu organisieren und zu reparieren? Das macht die Natur seit Milliarden von Jahren. An dieser Stelle kommt immer die Frage: Ist das nicht gefährlich? Und dann sage ich immer: Die Natur ist auch gefährlich. Da gibt es das Aids-Virus usw. Mein Vertrauen in die Natur ist aber so groß, dass ich sage, die Natur ist einerseits viel gefährlicher als das, was wir uns im Kopf ausdenken können. Die Natur hat aber auch gelernt, immer, wenn sie etwas sehr Gefährliches baut, Reparatur-Mechanismen zu finden, wenn es auch manchmal dauert, und sei es über ‚Maschinen' wie den Menschen, die in der Lage sind, zu reparieren.

Bei der Atombombe hat sich die Natur bisher noch nicht so viel einfallen lassen.

Das ist richtig, aber nicht ganz richtig. Ich gehöre ja zu der Generation, die damit aufgewachsen ist. Ich war Kriegsdienstverweigerer und habe gegen jede Pershing demonstriert und war fest davon überzeugt, älter als 30 werde ich wahrscheinlich nicht, weil wir uns bis dahin in die Luft jagen werden. Nun bin ich 61 und lebe immer noch. Ist das reiner Zufall oder hat die kollektive Vernunft – auch wiederum naturgesteuert – vielleicht doch verhindert, dass wir uns selbst vernichten? Die Natur hat uns ja mit Vernunft ausgestattet – natürlich kann es schief gehen, und ich würde deswegen natürlich nicht sagen: Lasst uns weiterhin Atombomben bauen! Das Risiko ist wirklich hinreichend groß. Aber ich sage, irgendwie gibt es Korrektur-Mechanismen, die doch besser funktionieren, als wir das naiv zunächst annehmen. Und ganz so sehe ich es bezogen auf die Nanotechnik.

Das würde dann eventuell, bis die Korrekturmechanismen greifen, bedeuten, dass wir im Kampf gegen gefährliche Nano-Entwicklungen eine längere Phase in Kauf nehmen, wo wir leiden.

Ich kann es nicht ausschließen. Andererseits, gerade in der Medizin erhofft man sich von der Nano-Biotechnologie sehr viel Gutes und auch einen riesigen Impact. Ich würde nie versuchen, Wissen zu verhindern, denn Wissen verhindern heißt ja Diktatur. Man kann den Menschen nicht hindern, neugierig herumzusuchen, also sollte man das nutzen. Und da bin ich dann wiederum der Meinung, dass die kollektive Verständigung zwischen Menschen doch in vielen Fällen immer wieder zu Korrekturen führt, die das Schlimmste verhindern.

Einer meiner jüngeren Kollegen arbeitet in Richtung künstlicher Biologie, das heißt, er versucht genau das zu machen, was wir vorhin besprochen haben: Maschinchen, die sich selbstorganisiert zusammentun und die auch in der Lage sind, auf molekularer Ebene Dinge zu steuern.

Also: anzudocken in biologischen Systemen.

Richtig. Er baut kleine DNA-Nano-Maschinchen – im Augenblick ist das noch so primitiv, dass es völlig unriskant ist. Aber man kann sich natürlich fragen: Künstliche Biologie – ist das nicht gefährlich?

Natürlich hat man als Naturwissenschaftler Verantwortung und sollte die auch wahrnehmen. Man soll nicht unverantwortlich - man soll verantwortlich drauflosforschen. Alles in allem bleibe ich hier aber ganz nüchtern und hart und sage etwas ganz Einfaches: Wissen ist immer besser als Nichtwissen!

Atome und Moleküle anfassen und bewegen

Interview der Herausgeberin mit Thomas Jung

Sie waren früher eine Zeit lang bei IBM in den USA und in Rüschlikon bei Zürich und haben so auch die Erfinder der Rastertunnelmikroskopie und Don Eigler gut kennen gelernt. Das, was Eigler mit Atomen gemacht hat, bei sehr tiefen Temperaturen, ist Ihnen und Ihren Kollegen erstmalig gelungen mit Molekülen bei Raumtemperatur. Sie haben Moleküle nicht nur mit dem Tunnelmikroskop abgebildet, sondern einzelne dieser Moleküle auch positionieren können. Wie Don Eigler hätten auch Sie das Wort IBM schreiben können. Was haben Sie geschrieben?

Ich habe einen Ring aus sechs Porphyrin-Molekülen zusammengefügt.

Ich habe gelesen, dass das damals sehr viel Furore gemacht hat und dass Sie, weltweit gesehen, einer der Spezialisten auf diesem Gebiet sind.

Nun also meine erste Frage: Wie macht man das: „Atome und Moleküle anfassen und bewegen"? Hin- und herschieben oder aufpicken und woanders „fallen lassen"? Gibt es verschiedene Methoden?

Sie müssen sich das, was wir machen, ein bisschen so vorstellen wie alles, was wir nur mit Hilfe von Instrumenten ausführen können. Z. B. ist der Mensch zu schwach, um gewisse Lasten zu heben, darum bedient er sich eines Krans. Auf der anderen Seite ist der Mensch zu stark, um ganz feine, kleine Dinge zu machen, darum verwendet er Pinzetten oder eben das Rastersensormikroskop für das Hantieren mit einzelnen Atomen oder Molekülen. Heute gibt es das sogenannte „Haptic Device“, das ist ein wenig wie eine Spielkonsole am Computer. Wir haben eine Kugel, die an einen Computer und an das Mikroskop angeschlossen ist. Wenn man diese Kugel im Raum bewegt, macht das Mikroskop mit einer gewaltigen Untersetzung die gleichen Bewegungen. Ich führe die Bewegungen an der Kugel mit der Hand aus und kann dann bei der Probe etwas „spüren“, ich kann darauf drücken, ich kann etwas seitwärts schieben.

Kann ich auch zwicken, wie mit einer Pinzette, und hochheben?

Nein, das können Sie nicht. Greifen können wir nicht, wir haben nur eine Spitze, (noch) keine Pinzette oder noch keine Greifer.

Also: nur hin- und herschieben?

Ja, zunächst einmal schon, wir können während der Bewegungen auch nicht beobachten, nur kurz danach oder davor. Wir können aber unsere Tastspitze, unseren „Finger“, sozusagen in Klebstoff tauchen, und dann wird sie natürlich klebriger.

Auf diese Weise kann sie dann doch Dinge herausheben?

Ja, so hat Don Eigler Atome manipuliert, aber der Finger kann eben nicht greifen. Man kann auch eine Spannung, man kann ein elektrisches Feld anlegen. Haben Sie das mal auf einem Schrottplatz gesehen – diese Magnetkräne? So etwas Entsprechendes können wir machen. Aber nicht einen mechanischen Greifer.

Vielleicht ist das ja gar nicht so wichtig, wenn man ähnliche Bewegungen auch mit anderen Methoden ausführen kann?

Ja – jedenfalls weitgehend. Was wir allerdings haben, sind die biomolekularen Greifer. Das sind aber keine unspezifischen Greifer, wie man es eigentlich möchte. Ich will ja Verschiedenes in gleicher Art greifen. Es gibt Leihgaben aus dem Biosystem des Menschen, das sind Moleküle, die sehr genau erkennen, was sie greifen, und die das auch gezielt wieder loslassen können. Die Moleküle der richtigen Art kann ich greifen, aber alle anderen oder sehr viele andere nicht.

Das funktioniert nach dem Schlüssel-Schloss-Prinzip?

Ja. Greifer und Moleküle passen ineinander. Im Prinzip leihe ich mir da Moleküle aus, die die Evolution für eine ganz bestimmte Funktion entwickelt hat: zur Abwehr eines Infekts. Wenn ich mir diese Moleküle ausleihe, kann ich deren Pass-Funktion benutzen. Dann habe ich einen Schlüssel, der genau in ein Schloss passt. Interessant sind in diesem Zusammenhang Studien, die Louis Tiefenauer hier am Institut gemacht hat. Er hat ausprobiert, wie gut verschiedene Schlüssel ins Schloss passen, indem er verschiedene biologisch auftretende Varianten eines Schlüsselmoleküls, also Mutanten, durchgespielt hat. Dabei interessierte ihn auch die Festigkeit der Bindung zu verschiedenen Mutanten. Es stellte sich heraus, dass die „gesunden" Varianten am besten ins Schloss passen. Die Evolution hat also schon sehr gut optimiert.

Schlüssel und Schloss in dieser Form selber zu machen – ginge das auch? Oder muss man sich aus dem bedienen, was die Natur bietet?

Die Natur hat Moleküle, Strukturen und Funktionen entwickelt, welche sich durch Menschen, also künstlich, in vergleichbarer Art noch nicht von Grund auf herstellen lassen. Aber sicher können wir viele Moleküle synthetisch herstellen, der synthetische Weg ist allerdings oft aufwändiger als der natürliche. Die Biochemiker können auf jeden Fall Biomoleküle modifizieren. Das hat aber nicht eigentlich etwas mit Nanotechnologie zu tun, sondern mit Molekularbiologie oder Biotechnologie. Zwar sind das auch Modifikationen innerhalb von

Molekülen, also auf der Nanometerskala, aber immer an einer großen Zahl von Molekülen gleichzeitig, eben mit chemischen Methoden.

Bei biochemischen Modifikationen reicht es ja oft, zu wissen, dass sie auf der Nanometer-Skala ablaufen, man muss aber gar nicht direkt auf dieser Ebene tätig werden.

Ja, genau. Die Biotechnologen haben das Problem mit dem Anfassen auf der Nanoebene gar nicht. Sie arbeiten mit Reaktionen von Lösungen in Gläsern. Aber sie haben wichtige Schlüsseltechnologien, um dort zu arbeiten. Sie können nicht ein einzelnes DNA-Molekül an einem ganz bestimmten Ort verändern, sie können aber, davon einmal abgesehen, sehr viel effizienter mit Biomolekülen arbeiten, sie selektieren, verändern und vervielfachen. Nun aber zurück zum Anfassen von Atomen und Molekülen: Mit diesem Klebstoff kann man sowohl schieben als auch aufpicken. Don Eigler hat von Anfang an aufgepickt, er hat also mit einer klebrigen Spitze die Atome unter der Spitze gebunden. Man muss sich das so vorstellen, dass das Atom zwischen der Spitze und der Probe vibriert, statt einfach auf der Probenunterlage zu liegen. Dann bewegt er die Spitze mit dem Atom woandershin und drückt wieder hinunter und mit einer gewissen Wahrscheinlichkeit bleibt das Atom dort kleben.

Könnte er im Prinzip damit auch ganz weit woanders hingehen?

Ja, im Prinzip schon, er könnte damit ganz weit woanders hingehen – solange er auf der gleichen Probe bleibt.

Solange er die Bedingungen gleich hält, bleibt das Atom an der Spitze?

Ja. Und noch etwas ist auch ganz wichtig: Das Prinzip dessen, was er gezeigt hat, funktioniert ausschließlich in der Nähe des physikalischen absoluten Nullpunktes, –273 Grad Celsius.

Das Zittern der Atome und Moleküle, eben die „Wärme“, ist charakteristisch für die Temperatur und wird in der Nähe des absoluten Nullpunktes ganz klein. Beim absoluten Nullpunkt würde sich nichts mehr bewegen. Unsere Experimente spielen sich dagegen – eben im Gegensatz zu Don Eigler – bei Zimmertemperatur ab. Da zittern und bewegen sich Atome und Moleküle ganz gewaltig.

Neben dem „Kleben“ gibt es nun verschiedene Methoden. Man kann alles machen, was man auch mit einer Faust machen könnte – und zwar blind. Wir Menschen haben Augen und einen „Greifer“, das Gerät kann mit der Spitze aber entweder sehen oder bewegen, doch nicht beides gleichzeitig, so wie wir Menschen das mit unserer hervorragenden Ausstattung können.

Wenn das Gerät etwas bewegen „will“, und dann also nichts „sieht“, „spürt“ es dann, dass es dahin kommt, wo es hinwill? Wie kann man zielgenau arbeiten, wenn man blind ist?

Mit unserer Sensor-Spitze ertasten wir uns vor dem eigentlichen Experiment eine Landkarte, dann wissen wir, wo die Moleküle sind. Und dann versuchen wir die Moleküle z. B. von da, wo sie 60 Sekunden vorher waren, wegzuschubsen. Anschließend müssen wir uns wieder ein Bild ertasten, um herauszufinden, was genau passiert ist. Es gibt also immer wieder Wartezeiten – ein ziemlich langsames „Tischfußballspiel“ mit nur einer Spitze als „Fuß“ und der gleichen Spitze als „Auge“, um herauszufinden, wo der Ball sich im Spielfeld befindet.

Wie funktioniert das denn genau, dieses Schubsen oder Verschieben von Molekülen?

Die Spitze wird ganz nahe an der Oberfläche hin und her geführt. Es wird abgetastet bei sehr, sehr kleinen Strömen, ca. 100 pA, also ca. 10 Milliarden Mal weniger, als ein Bügeleisen bei 220 Volt braucht, für das Bewegen benötigt man etwa 10–50

Mal mehr, also immer noch sehr, sehr wenig Strom. Beim höheren Messstrom wirken höhere Kräfte auf die Moleküle, sie können sogar kaputt gehen oder verändern ihre Gestalt wie ein Saugnapf oder weichen der Spitze aus.

Wird das Molekül, das zum Saugnapf wird, klebrig?

Ja. Und zwar folgendermaßen: Diese Moleküle haben elastische Seitengruppen oder „Beine" und bewegen sich über die Oberfläche. Wenn wir sie in einem Experiment an die Oberfläche drücken, dann saugen sie sich dort fest. Mit der Spitze können wir sie dort auch wieder lösen, eben wie einen Saugnapf-Haken im Badezimmer.

Gibt es zur Orientierung neben dem Verfahren mit der „Landkarte" noch andere Möglichkeiten?

Mit den neu entwickelten „Haptic Device"-Geräten können wir auch tasten. Sogar verschiedene Kräfte können gewählt werden: Kontaktkräfte, magnetische oder elektrische Kräfte. Das Tasten ist damit meist schneller und bequemer und geht ohne Landkarte.

Womit arbeiten Sie?

Außer dem vorhin erwähnten Ring aus Molekülen habe ich mit Kollegen zum Beispiel Folgendes gemacht: Wir haben gezeigt, dass wir mit einem Kraftmikroskop Information schreiben können, noch kleiner als auf einer CD. Wir haben *zwischen* die Zeilen der Spur einer Musik-CD das Wort „Heureka" geschrieben. Da ist dann die Informationsdichte offensichtlich noch viel größer als auf der Musik-CD. Das ist im Prinzip so gemacht worden, wie viel später Ernst Meyer in Basel mit einzelnen Molekülen und dem Kraftmikroskop gearbeitet hat. Sie können sich das so vorstellen, wie wenn man mit einem Schnitzwerkzeug in Holz meißelt. Genauso ist das in die CD hineingeschrieben worden.

Und wo sind die Atome hin, die da nicht mehr sind?

Die verschwinden nicht. Der Rand einer Furche quillt hoch.

Also, wenn ich nicht greife und nichts woandershin transportiere, dann habe ich rechts und links, wie beim Schneepflug, die Anhäufungen dessen, was ich in meiner Spur weggeschafft habe?

Ja, genau so.

Wie würden Sie das, was die Nanotechnologen machen, charakterisieren im Unterschied zu dem, was heute die Chemie macht?

Das Wesentliche, worum es bei diesen nanotechnologischen Experimenten im Unterschied auch zur fortgeschrittenen Chemie geht, die ja letzten Endes doch noch immer im Reagenzglas stattfindet, ist, dass ich hier jedes Molekül individuell sehe und ihm sozusagen einen Namen geben kann. Ich kann sagen, du bist jetzt Molekül Otto und du bist Anna, mit euch kann ich individuell umgehen. Das kann die Chemie eben nicht. Aber die Nanotechnologie kann das. Die Chemie kann allerdings heute Spurenelemente detektieren. Die Chemiker haben eine unglaubliche Analytik entwickelt. Sie können in einer beliebigen Suppe wenige Moleküle entdecken, genügend für eine Analyse.

Genügend heißt: nicht Otto, Anna oder Friederike, sondern nur die Tatsache, dass welche von der Sorte da sind?

Ja, ich kann als Chemiker auch manchmal sehr geringe Konzentrationen bestimmen. Aber ich habe keine Möglichkeit, sie einzeln „in die Hand" zu nehmen.

War Don Eigler 1989 der Erste, der diese individuelle Behandlung von Atomen und Molekülen gemacht hat?

Don hat als Erster gezeigt, dass er Atome kontrolliert organisieren kann. Das hat vor ihm niemand gemacht. Und er war sicher der erste, der das bei einer so niedrigen Temperatur gemacht hat, deshalb konnte er es eben auch so gut. Sie müssen sich vorstellen: Ich habe vorhin gesagt, die Spitze kann klebrig werden, das nutzen wir ja auch für unsere Experimente. Nur ist es dummerweise so, dass die Klebrigkeit nicht abgeschaltet werden kann.

Das nennen Sie, glaube ich, das Sticky-fingers-Problem: Man wird das aufgepickte Zeug dann nicht mehr los …

Ja, genau! Sie können die Klebrigkeit höchstens ein bisschen reduzieren oder modifizieren. Die Forscher vor Don Eigler haben meistens bei Raumtemperatur gearbeitet, mit sticky fingers, und da war die Reproduzierbareit der Experimente ziemlich mager.

Also: je kälter, desto weniger klebrig. Aber immer noch hinreichend klebrig, um damit arbeiten zu können?

Etwas Ähnliches machen Sie, wenn Sie etwas in den Kühlschrank tun. Sie nutzen dabei die Tatsache, dass die Bakterien, die sich gerne auf Ihren Essensresten kultivieren möchten, erstarren oder einschlafen. Damit ist deren Lebensdauer aber nur verlängert, sie leben ja noch.

Sie warten, bis es wieder wärmer wird.

Genau. Und das Gleiche machen wir in unseren physikalischen Experimenten. Die reaktive Klebrigkeit ist sozusagen zunächst eingefroren. Und wenn ich dann diese Experimente mache, habe ich solange weniger sticky fingers, wie ich das System kühle. Don Eigler hat sich noch eines weiteren Tricks bedient. Er hat Atome und Moleküle verwendet, welche sich sehr leicht bewegen lassen, die zum Teil sogar auf der Oberfläche gar nicht haften würden, wenn sie nicht so kalt wäre.

Sie arbeiten ja nun bei Raumtemperatur – wie werden Sie da mit dem Sticky-fingers-Problem fertig?

Wir suchen uns Moleküle, die eher groß sind, aber trotzdem schwach binden, das ist das Eine. Das Andere ist, dass wir die

Moleküle nicht aufpicken, dafür kleben sie zu stark, sondern dass wir sie durch Seitwärtsdrücken über die Oberfläche schieben, eher so wie einen vollen Schrank durchs Zimmer.

Gibt es in der Nanowelt außer Schlüssel und Schloss und Saugnäpfen – und jetzt diesem Bild eines verschobenen Schrankes – noch andere Analogien aus unserer Welt?

Ja, sicher, sehr viele, allerdings darf uns das nicht dazu verleiten, zu meinen, die Dinge seien wirklich genau so wie bei uns. Eigentlich besteht ja hier alles aus wackelnden und zappelnden Atomen, welche mehr oder weniger „klebrig" sind.

Klebrig heißt letzten Endes: Zwei Sachen haften aneinander.

Schon. Schlüssel/Schloss ist ein sehr spezifischer „Kleber", da klebt es nur zwischen zwei ganz bestimmten, aufeinander passenden Molekülen. Es gibt aber auch wenig spezifische „Klebrigkeiten". In der Physik heißen sie Kräfte: starke und schwache. Die schwächste Kraft, die es im Universum gibt, ist die Gravitation, die uns zur Erde zieht.

Das kann man auch klebrig nennen?

Ja, das wäre in dem allgemeinen Sinne auch „klebrig". Das ist die zwischen Massen wirkende Kraft, welche uns zur Erde zieht. Dann gibt es die Van-der-Waals-Kraft. Das ist die Kraft zwischen Objekten, die eigentlich keine Ladung tragen, die aber aus Elektronen zusammengesetzt sind. Im statistischen Mittel ist das Elektron nicht gleichmäßig verschmiert, sondern es ist mal hier und mal da und mal dort. Wir können uns jedes Atom als Tanz-Paar auf einem großen Ball vorstellen. Die Paarbindung zwischen Mann und Frau ist stark, wie im Atom zwischen Elektronen und dem positiv geladenen Kern. Neben der Paarbindung gibt es aber auch noch den Flirt mit anderen. Zwei flirtende, aber anderweitig gebundene Menschen werden versuchen, ihren Tanzpartner so zu führen, dass der Flirtpartner möglichst nahe bleibt und ja nicht aus den Augen verschwindet. So werden die Flirtenden immer wieder herumgerissen, bleiben einander aber immer nahe, sind also physikalisch gesprochen schwach gebunden. Die sehr schwache Van-der-Waals-Bindung kommt nun ganz ähnlich zustande: Statistische Ladungsverteilungen innerhalb eines Atoms bewirken korrelierte Elektronenbewegungen im Nachbaratom. Dieses führt zu einer schwach anziehenden Kraft. Nach dem Entdecker heißt diese Wechselwirkung die Van-der-Waals-Wechselwirkung. Sie ist von universeller Bedeutung für die Struktur von Materie. Bei den Elektronen ist es ähnlich wie bei den Menschen: Alle Elektronen tragen zu dieser Bindung bei, je beweglicher, desto mehr. Weitere Kräfte sind die ionische oder die chemische Bindungskraft.

Also: Wenn Sie Klebrigkeit sagen, meinen Sie verschiedene solcher Kräfte, wie sie zwischen Atomen, Molekülen und den Oberflächen wirken?

Stellen Sie sich vor, sie müssten mit verschieden schweren Fußbällen spielen. Ähnlich verschieden verhalten sich die Moleküle auf den Oberflächen. Die Bälle, die wir bewegen, sind verschieden schwer, und der „Rasen“, also die verschiedenen Oberflächen, haben verschiedene Rauigkeiten, abhängig von sehr vielen Details in der Physik und der Chemie. So gibt es verschieden starke Kraftwechselwirkungen und damit verschieden starke Klebrigkeiten. Wenn die Substrate ganz kalt sind, die Atombewegung also sehr klein ist, können Atome und Moleküle mit sehr schwacher Bindung oder Klebrigkeit auf der Oberfläche ruhen. Um bei höheren Temperaturen mit Atomen und Molekülen arbeiten (oder spielen) zu können, suche ich mir stärker klebende Systeme, damit sie nicht herumgerüttelt werden.

Sie haben ja nun gesagt: Beim absoluten Nullpunkt bewegt sich nichts mehr, da kann ich dann wunderbar greifen. Nun hat mir aber Professor Kotthaus in seinem Interview gesagt: Es bewegt sich alles immer. Die Atome zittern auch am absoluten Nullpunkt – nur nicht mehr thermisch.

Der absolute Nullpunkt kann nicht erreicht werden, aber je näher wir ihm kommen – bis auf Tausendstel eines Grades Celsius kommt man heute heran –, desto weniger bewegen sich die Atome. Je tiefer die Temperatur, desto mehr Bewegung ist eingefroren. Das, was Herr Kotthaus meinte, hängt ja mit der Quantenmechanik zusammen, aber darauf können wir jetzt wohl nicht eingehen.

Gut, aber noch einmal die Frage: Wenn ich den absoluten Nullpunkt ohnehin nicht erreiche, muss ich ja oberhalb arbeiten, und da ist ja auch das thermische Zittern noch größer. Stört mich das denn nicht bei meinem nanotechnologischen Manipulieren?

Natürlich stört das ein wenig, aber es nützt auch. Um beim obigen Modell mit dem Fußball zu bleiben, dann müssen wir eben den „richtigen" Ball wählen. Wir können trotzdem zielen. Für jeden „Ball" und jede Temperatur wählen wir außerdem das am besten geeignete Feld.

Das Zittern ist also nicht mehr so stark, dass Sie deshalb danebenzielen?

Die Auslenkungen bleiben auch bei Zimmertemperatur unter der Größe einzelner Atome und Moleküle. Moleküle, die anfangen herumzuhüpfen (man sagt diffundieren), sind sogar hochinteressant, an denen können wir – nach Einstein, der hier Pionierarbeit geleistet hat – noch viel lernen.

Nun möchte ich Ihnen eine Frage stellen zu dem „kleinsten Loch der Welt": Don Eigler hat 1989 seinen atomaren IBM-Schriftzug gemacht. Das war noch vor Wolfgang Heckl in München, trotzdem steht Heckl im Guinness-Buch der Rekorde dafür, dass er „das kleinste Loch der Welt" durch Herausnehmen eines Atoms aus einer Oberfläche gemacht hat. Waren die Atome bei Heckl vielleicht kleiner als bei Eigler (der Xenon-Atome verwendet hat)?

Das wäre möglich. Aber es liegt wahrscheinlich noch an etwas anderem: Heckl hat wirklich aus einem festen Material ein Atom herausgepickt. Eigler dagegen hat eine glatte Fläche genommen, dann hat er Xenon, das ja ein Gas ist, in die Vakuumkammer gelassen. Sehr, sehr wenig. Und weil die Fläche so kalt ist, nahe am absoluten Nullpunkt, kondensieren die Gas-Atome darauf. Er hat die Atome also nicht irgendwo herausgerupft, sondern sie kamen sozusagen aus der Gasphase. Zunächst saßen die Atome auf der Platte völlig ungeordnet, und dann hat er sie in eine beabsichtigte Anordnung gebracht. Also: Eigler hat damals keine Löcher gemacht. Herr Heckl hat, im Gegensatz zu Eigler, nichts geschrieben mit Atomen, und das liegt daran, dass man, wenn man ein einzelnes Atom aus der Oberfläche herausnimmt, Schwierigkeiten bekommt, es wieder abzuladen. Man kann zwar ein Loch graben, aber schon beim zweiten wird es schwierig, weil das Aufheben eines weiteren Atoms gleich wahrscheinlich ist wie das wenig kontrollierbare Abladen des ersten. Dann passiert etwas wie mit dem legendären Klebestreifen im Zeichentrickfilm, der immer am falschen Finger klebt und sich nie löst.

Und wenn man mehrere Spitzen gleichzeitig benutzt?

Ja, im Prinzip ginge das, die Wahrscheinlichkeit ist aber groß, dass nicht mehr als ein ziemlich unübersichtlicher Haufen zusammengesetzt werden kann. Am geeignetsten hierfür sind auf jeden Fall weniger klebrige Atome und Moleküle.

Wie groß ist die Spitze normalerweise im Vergleich zu dem Objekt, also einem Atom oder Molekül?

Da gibt es ein schönes Beispiel von Heinrich Rohrer: Wenn ein Atom so groß wäre wie eine Orange, dann wäre die Spitze so groß wie der Eiger oder das Matterhorn. Stellen Sie sich vor, wir würden etwas lernen wollen über Orangen auf einem Marktplatz, indem wir das Matterhorn darüber hinwegbewegen würden. Zunächst müssten wir einmal alle anderen Früchte aussortieren, also Orangen und Äpfel unterscheiden, so dass wir nur noch Orangen, also eine Atomsorte, haben. Im Gegensatz zum Markt, der von den Händlern geordnet ist, sind Atome und Moleküle meist durcheinander gemischt. Das ist schon ein ziemliches Problem. Nun müssen diese Orangen aber auch noch sehr schön da liegen, sonst bewegen sie sich, wie wir bereits besprochen haben, alles rüttelt ja durch die thermische Bewegung.

Aber die äußerste Spitze des Matterhorns ist auch nur so klein wie eine Orange.

Ja, irgendwo schon, aber legen Sie mal ein paar Orangen aufs Matterhorn! Da gibt es Felsbrocken. Die Spitze können wir nicht präparieren, sie ist zufällig so, wie sie ist, also manchmal auch stumpf. Wir haben dort Dreck und unregelmäßige Strukturen.

Ich habe deshalb gefragt, weil man lesen kann, dass diese Spitzen mit relativ einfachen Methoden, vielleicht auch nur durch schräges Abschneiden eines Drahtes, gemacht werden können. Und dass dann am Ende so einer Spitze nur ein Atom sitzt.

Ja, eines ist immer zuvorderst, aber das ist da nicht unbedingt stabil. Auf dem Matterhorn steht vielleicht ein Gipfelkreuz oder ein Steinmann. Ganz wichtig ist: Die Kräfte, mit denen wir arbeiten, sind alle etwa gleich. Wenn wir Dinge an der Probe verschieben wollen, können wir mit der gleichen Wahrscheinlichkeit auch Dinge an der Spitze verschieben – was wir eigentlich gar nicht wollen. Und dann drückt dieses Orangen-Äpfel-Bild noch etwas anderes aus: Die Chemie hat eine unglaublich große Anzahl von gleichen Teilen, Atomen oder Molekülen, in einem Kubikzentimeter Material, nämlich zum Beispiel 10^{23} Moleküle pro Gramm. Das ist eine wahnsinnig große Zahl, die können wir uns auf Erden nicht vorstellen. Die reinste Substanz, die wir chemisch herstellen können, ist eine, bei der 99,9999 Prozent diese Substanz ist, und alles andere ist irgendwelcher Dreck. Hier sind also 10^{17} Moleküle pro Gramm immer noch falsch. Chemische Methoden können uns unsere Proben nicht besser reinigen. Nun sind ja auf der Oberfläche viel weniger Plätze als im Inneren. Dieser Dreck, der in allen Materialien vorhanden ist, will aber nicht innen bleiben, er will raus. Dreck, also Unreinheiten oder Defekte, strebt immer an die Oberfläche. Es gibt also auch Dreck an der Spitze, der durch die Reinigung nicht zu beseitigen ist. Das ist, wie wenn Sie die Orangen in einen Sumpf hineinlegen, und aus dem Sumpf blubbert Gas.

Nettes Arbeitsfeld!

Ja, ja, das will ich Ihnen klarmachen. Darum ist es ja auch so schwierig, die Experimente gut zu machen. Man muss sich Reinheiten schaffen über längere Zeitperioden, sonst kann man nicht experimentieren.

Oder man lässt den Dreck drinnen und geht damit so um, dass er nicht mehr stört!

Genau! Ich kann sogar an Luft experimentieren, wenn ich mit Chemie arbeite, die so stark bindend ist, dass jede Unreinheit verdrängt wird.

Können Sie aus jedem Material, das ich Ihnen geben würde, Atome rauslösen?

Im Prinzip ja. Vielleicht nicht immer einzelne, aber kleine Mengen von Atomen lassen sich bei jedem Material herauslösen. Was ich nicht bei jedem Material kann: lokal ätzen und dabei jeweils ein Atom herauslösen. Das kann ich nicht. Schwierigkeiten machen natürlich auch extrem starke Bindungen, z. B. Diamant, aber auch reaktive Systeme wie das Silicium.

Also gut, im Prinzip kann ich es bei allen Materialien, aber es gibt solche, wo ich es kaum schaffe. Ist eigentlich das Herausnehmen einfacher oder das Einfügen an anderer Stelle?

Je nachdem. Zum Beispiel beim Silicium ist das Wegnehmen von einer Oberfläche einfacher, weil die Spitze auf jeden Fall reagiert. Beim Graphit ist es umgekehrt. Da ist die Bindung so stark, dass das Herausnehmen schwierig ist.

Was Sie machen, zielt ja letzten Endes darauf ab, dass man das auch einmal technologisch, zum Beispiel für die Datenspeicherung, nutzen kann. Sie selbst arbeiten aber in der Grundlagenforschung?

Ja, wir spielen hier mit Konzepten, die aber durchaus Praxisbezug haben. Worüber Leute wie Don Eigler und andere (und auch ich) nachdenken, ist: Wie kann man Schalter bauen aus Molekülen, die um den Faktor 1000 in einer Dimension – in drei Dimensionen ist es dann eine Zahl mit neun Nullen – kleiner sind als das, was die Halbleitertechnologie heute verwendet, mit der ja heute schon Millionen von Schaltern auf engem Raum möglich sind. Der ganz starke Motivationspunkt dabei ist: Die Technologen haben heute das Problem, dass sie bislang im top-down-Verfahren arbeiten. Wir Menschen, und überhaupt jede Zelle eines Lebewesens, sind aber ganz anders gebaut: Wir essen Nahrungsmittel und atmen Luft und wachsen eben aus einzelnen Atomen und Molekülen, „from the bottom up". Wir versuchen aus Molekülen und Atomen Strukturen zu bauen, welche z. B. aussehen wie ein Schachbrett und auf denen man mit anderen Molekülen Informationen speichern kann, wie während eines Schachspiels durch die Position der Figuren. Das ist unglaublich billig, weil Sie nur eine Rezeptur anwenden und damit dann identische Strukturen auf der ganzen Oberfläche bekommen, die Sie gleich präparieren.

Via Selbstorganisation?

Via Selbstorganisation oder genauer „self-assembly“. Das heißt, wenn wir alle Bausteine einer Struktur, genau wie Zutaten eines Rezeptes, zusammenmixen, dann werden sie sich selbst mittels des Schlüssel-Schloss-Prinzips zusammenfügen, so dass immer genau das Gleiche herauskommt. Kürzlich ist uns so etwas wie ein Weltrekord in self-assembly gelungen: Es geht dabei um ein Kochrezept mit Porphyrinen, welche ein Netzwerk bilden, und mit Fullerenen. Unser Weltrekord besteht in Folgendem: Wir haben es geschafft, aus einem Nanometer großen Bausteinen – Molekülen –durch Selbstorganisation Strukturen zu bauen, die siebeneinhalb Nanometer, also jeweils einen relativ sehr großen Abstand haben. Sie sind alle identisch. So kleine identische Strukturen können mit Strukturierungstechnologien aus der Chip-Industrie nicht hergestellt werden. Wenn „self-assembly“ mit heute gängigen Herstellungsprozessen kombiniert werden kann, können wir so noch viel kleinere Schaltelemente reproduzierbar herstellen. Dies ist ein zukunftsträchtiger und neuer strategischer Ansatz, der sich entwickelt: Technologieprognosen sagen, dass in den kommenden 10 Jahren Teile vieler Prozesse durch Selbstorganisation besser und kleinteiliger gestaltet werden können.

Haben Sie noch andere schöne Beispiele aus Ihrer Arbeit?

Wir beschreiben zum Beispiel das Hüpfverhalten dieser fußballförmigen Buckminsterfullerene. Unsere Fußbälle befinden sich auf einem Porennetzwerk, wie auf einem Eierkarton.

Hüpfen?

Bei Zimmertemperatur hüpfen die herum wie Kugeln, die auf einem geschüttelten Eierkarton in den Kuhlen und zwischen den Kuhlen herumspringen. Die Moleküle hüpfen frei, wenn wenige da sind. Wenn ein bisschen mehr da sind, dann rutschen sie zueinander, so, als ob sie sich mögen würden. Wenn ich ganz viele daraufbringe, bilden sie Ketten. Beim Hüpfen „spüren“ die

Moleküle einander durch die Verzerrung des Netzwerks, genau wie Kugeln auf einer Membran, oder wie verschiedene, zappelnde Beutetiere im Netz einer Spinne. Das ist hochinteressant, wenn neue Kräfte zwischen Molekülen entstehen, weil die Moleküle das Netzwerk in ihrer Umgebung verbiegen.

Und das ist dann self-assembly?

Das ist eine Art von self-assembly, die hier durch das Rastertunnelmikroskop beobachtet werden kann. Und Nanotechnologie ist es, weil ich jedem einzelnen Molekül einen Namen geben könnte. Wir versuchen hier, durch self-assembly Strukturen herzustellen, die sich nachher als Datenspeicher-Materialien eignen. Zum Speichern verwenden wir das individuelle Positionieren von Molekülen. Wenn wir das Netzwerk Punkt für Punkt in der Weise aufbauen wollten, wie Eigler es getan hat, würden wir aus Zeitgründen scheitern; darum ist self-assembly so wichtig.

Wie bekomme ich nun die Haltbarkeit von solchen Anordnungen hin, wenn ich ein Materialstück bis in makroskopische Dimensionen wachsen lasse? Wie kann es makroskopisch die Eigenschaften der kleinen Teilchen behalten, die doch eben, etwa aufgrund ihrer großen Oberflächen, ganz andere – und von mir gewünschte – Eigenschaften haben als im Bereich des Makroskopischen? Schaffe ich es, die einzelnen Teile mit ihren besonderen Eigenschaften irgendwie auch voneinander getrennt zu halten? Ist das so?

Die Haltbarkeit hat direkt mit den Kräften und dem thermischen Wackeln zu tun. Wir müssen der Stabilität wegen „klebrige“, stark miteinander wechselwirkende Systeme wählen. Dann wird auch in einem großen Stück Material die lokale Struktur erhalten bleiben. Wir haben molekulare Netzwerke gebaut, welche bis 300° C stabil bleiben, das ist mehr als genügend.

Können Sie Atome und Moleküle auch in biologischen Systemen verändern? Und wenn ja, mit welchen Folgen?

Im Prinzip nein. Das Problem ist: Biologische Systeme sind unglaublich komplex, und alles, was wir heute wissen über biologische Systeme, ist durch Verändern von biologischen Systemen und Beobachten der Änderungen an vollständig lebenden oder chemisch selbstreplikativen Systemen entstanden. Wir arbeiten immer nur an Oberflächen, hinein kommen wir da gar nicht. Wie der Neurophysiologe nicht ins innere Gehirn kommt, ohne mit den Elektroden wichtiges Gewebe zu zerstören, kommt der Physiker mit dem Rastersensor nicht in die DNA-Moleküle oder die Protein-Moleküle hinein. Wir arbeiten vielmehr mit synthetischen Molekülen und karikieren im Prinzip die Biologie. Diese Moleküle, die wir studieren, sind sehr viel kleiner als alles, was die Biologie zur Verfügung hat. Außerdem sind alle unsere Strukturen ohne Lösungsmittel, ohne Wasser aufgebaut; Biologie ist dagegen ohne Wasser nicht denkbar.

Sie karikieren die Biologie? Oder besser: Sie halten sich noch im Vorraum des Lebendigen auf?

Ja, weit draußen im Vorraum. Wenn Sie die Evolution anschauen: Der Planet Erde hat sich in mehreren Milliarden Jahren entwickelt, und in den letzten 4 Sekunden vor Mitternacht, wenn man dieses Uhrenbeispiel benutzt, ist der Mensch auf die Welt gekommen. Wir forschen an Systemen, die so klein sind wie damals, als die Ursuppe gekocht hat – und das noch ohne eigentliche „Suppe". Das heißt also: einzelne Moleküle innerhalb von biologischen Systemen gezielt verändern – no way! Ich komme da mit den Spitzen nicht hinein. Wir sind noch ziemlich am Anfang. Bei Vorträgen sage ich an dieser Stelle auch manchmal, wir sind heute ungefähr da, wo die Leute von Stonehenge waren.

Bezogen auf das Bauen von Wolkenkratzern?

Ja, wir können mit wenigen Bestandteilen, die wir uns auch durchaus aussuchen können, so etwas relativ Einfaches wie Stonehenge bauen. Wir sind wie Architekten, die mit ganz neuen Materialien arbeiten. Wir versuchen, neue Strukturen aus Molekülen zu bauen, die keiner vorher gebaut hat, wir versuchen, mit den Materialien zu spielen. Wir sind also jetzt in Stonehenge. Mit fünf Molekülen können wir spielen. Es gibt aber unbeschreiblich viele Moleküle auf diesem Planeten. Und wir sind überzeugt (ich selbst eingeschlossen), dass wir durch Probieren und Kombinieren noch viel bessere Dinge bauen können, als wir es heute tun, und dass wir das durch Experimente noch viel schneller lernen können.

Das ist doch eigentlich ein ganz schöner Zustand für eine Wissenschaft: Man ist schon in Stonehenge, man sieht also, man kann Verschiedenes, aber der Horizont ist noch ganz groß, und man geht dorthin, wo die Fülle herrscht!

Ja, das ist ein wunderbarer Zustand. Und ich bin sicher, wenn ich zurückschaue, was wir in den letzten fünf Jahren erreicht haben: Wenn das noch mal fünf Jahre so weitergeht, dann kommen wir noch viel schneller voran.

Selbstorganisation – die Natur für uns arbeiten lassen

Interview der Herausgeberin mit Eckehard Schöll

Was ist Selbstorganisation? Könnten Sie das Phänomen vielleicht zunächst einmal erklären vor dem Hintergrund des Zweiten Hauptsatzes der Thermodynamik?

Der Zweite Hauptsatz der Thermodynamik gilt für Zustände im thermodynamischen Gleichgewicht. Er besagt, dass die Entropie für solche Zustände nur zunehmen kann und dass somit eine Zeitrichtung ausgezeichnet ist. Weiterhin besagt er, dass ein System in einen Gleichgewichtszustand strebt, der gleichförmig und ungeordnet ist und deswegen keine komplexen Strukturen aufweist.

Das alles gilt für abgeschlossene Systeme, also Systeme, die nicht nach außen geöffnet sind, in die also weder Energie noch Materie hineinströmen. Und Entropiezunahme beschreibt das unumkehrbare Hinstreben solch geschlossener Systeme zu einer unstrukturierten Unordnung. Die Natur arbeitet dagegen bei allen Lebewesen mit offenen Systemen. Ein geschlossenes System wäre etwa ein Gas, das sich gleichförmig, also nicht geordnet, in einem Raum verteilt. Habe ich das so einigermaßen richtig beschrieben?

Ja, wenn man das Gas sich selber überlässt, wird es nach dem Zweiten Hauptsatz der Thermodynamik niemals spontan ein Muster bilden und sich ungleichmäßig im Raum verteilen, denn dies würde eine Erniedrigung der Entropie bedeuten. Unter Selbstorganisation versteht man hingegen einen spontanen Ordnungsprozess.

Für Selbstorganisationssysteme ist also wesentlich, dass es eben nicht um abgeschlossene, sondern um offene Systeme geht, und die befinden sich, im Gegensatz zu den abgeschlossenen Systemen, fern vom thermodynamischen Gleichgewicht. Wenn Materie oder Energie durch sie hindurchströmen, können komplexe Zustände auftreten, die Selbstorganisation zeigen. Selbstorganisation ist dann möglich, wenn das System nichtlinear ist, wenn es „dissipativ" ist – das heißt, Energie, die durch das System fließt, wird zerstreut – und wenn es schließlich eben weit genug weg vom thermodynamischen Gleichgewicht ist.

Und das schafft man, indem man immer wieder Energie, bei lebenden Systemen zum Beispiel Nahrung, zuführt?

Ja.

Wenn diese Bedingungen erfüllt sind, dann tritt, wenn es zur Selbstorganisation kommt, ja etwas auf, was häufig mit dem Bild einer Lawine beschrieben wird. Haben Sie dafür ein schönes Beispiel?

Der Lawineneffekt tritt zum Beispiel auf, wenn Sie ein freies Elektron in einem Halbleiter durch eine angelegte elektrische Spannung beschleunigen. Das Elektron stößt gegen ein gebundenes Elektron und befreit es aus seinem Bindungszustand, so dass jetzt zwei freie Elektronen vorhanden sind. Diese beiden Elektronen stoßen wieder und können vier freie Elektronen produzieren, vier Elektronen können acht freie Elektronen produzieren, so dass wir insgesamt dann einen lawinenartig ansteigenden Prozess haben. Der Strom wächst lawinenartig an. Das wäre eine typische Instabilität, die fern vom Gleichgewicht ablaufen kann und die beispielsweise zu einem selbstorganisierten Muster des Stromflusses führen kann, einem sogenannten *Stromfilament*, bei dem der elektrische Strom in einem Stromfaden mit kreisförmigem Querschnitt konzentriert ist, während außerhalb des Filaments die Stromdichte verschwindet.

Und die Elektronen werden dann jeweils veranlasst, bei etwas mitzumachen, was schon in Gang gekommen ist, nämlich bei dem Selbstorganisationsprozess?

Ja, es handelt sich um ein kooperatives Phänomen, das heißt, viele Teile des Systems wirken zusammen. Und das gesamte System ist mehr als die Summe der Einzelteile.

Ich habe hier ein Zitat von Ilja Prigogine, der ja zu den Vordenkern der Selbstorganisationstheorie gehört. Er hat über ein „ neues Bild von der Materie" geschrieben: „Sie ist nicht mehr passiv, wie im mechanistischen Weltbild, sondern mit spontaner Aktivität ausgestattet." Würden Sie das auch so sagen können?

Ich würde die Formulierung nicht verwenden, weil sie den Eindruck erweckt, dass hier irgendwelche geheimnisvollen Kräfte am Werke sind. In Wirklichkeit hat alles gesetzmäßige Hintergründe. Die physikalischen Gesetze gelten nach wie vor. Es geht zum Beispiel um tote Materie – nur dass eben diese Nichtlinearitäten wichtig sind. Nichtlinearität heißt: Wenn Sie zwei Effekte addieren, ergibt das in diesem Fall nicht einfach die Summe, sondern die beiden Effekte können sich gegenseitig verstärken, so dass winzige Abweichungen durch diese nichtlinearen Wechselwirkungen zu großen Effekten führen. Das ist eigentlich das, was hinter der Selbstorganisation steckt.

Und der Begriff „spontan", den Prigogine verwendet, wäre der Ihnen denn sympathisch?

Ja, um spontane Prozesse geht es schon, „spontan" im Gegensatz zu „von außen aufgeprägt".

Kann denn spontan auch heißen, dass bei gleichen Randbedingungen bei verschiedenen Experimenten verschiedene Ergebnisse, also zum Beispiel verschiedene Muster, entstehen? Oder heißt es, dass bei gleichen Randbedingungen immer wieder das gleiche Ergebnis entsteht? Ich frage auch deshalb, weil es mich natürlich interessiert, ob ein künstlich eingeleiteter Selbstorganisationsprozess, wie ihn dann ja die Nanotechnologen in Gang bringen, beliebig oft reproduzierbar ist oder ob er auch Veränderungen und Mutationen unterliegt.

Da muss man zwei Dinge unterscheiden. Rein deterministisch betrachtet, das heißt ohne zufällige Schwankungen, wird ein System, wenn Sie es identisch präparieren, immer denselben Endzustand erreichen.

Ja, das Problem ist aber wohl, ob man diese Bedingungen hinbekommt.

Das Problem ist das „identisch präparieren". Das können Sie praktisch nicht. Denn Sie haben schon durch die notwendige Variation der Anfangsbedingungen kleine Abweichungen. Das ist genau das, was ein chaotisches System auszeichnet, dass diese kleinen Abweichungen, die unvermeidlich sind, sich dann im Laufe der Zeit so aufschaukeln, dass sie ganz extrem verschiedene Entwicklungen haben. Wie beim Wetter etwa der „Schmetterlingseffekt". Also, etwas extrem ausgedrückt: Ein Schmetterling, der seine Flügel in Brasilien schlägt, könnte bewirken, durch nichtlineare Verstärkung, dass sich in den USA ein Tornado entwickelt.

Also, das heißt unter dem Gesichtspunkt der Nanotechnologie, dass man die Randbedingungen nie so genau kontrollieren kann, dass man chaotische Effekte ganz ausschließen könnte?

Ja, so ist es. Jetzt kommt aber noch ein zweiter Gesichtspunkt dazu: Wir haben in natürlichen Systemen immer zufällige Fluktuationen, zufällige unkontrollierbare Einflüsse, und die führen noch zusätzlich dazu, dass sich die Systeme in verschiedener Weise entwickeln. Deshalb könnte es so aussehen, dass man gar keine reproduzierbaren selbstorganisierten Strukturen hinkriegt. Andererseits gibt es aber so etwas wie *Attraktoren*, anziehende Zustände, die dazu führen, dass das System, auch wenn es mit ein bisschen verschiedenen Anfangsbedingungen gestartet wird und auch noch zusätzlichen zufälligen Fluktuationen unterliegt, sich trotzdem immer zu demselben Endzustand hin entwickelt. Das ist andererseits eben auch ein Charakteristikum von solchen Systemen, offenen, dissipativen, nichtlinearen Systemen, dass es solche Attraktoren gibt.

Wenn der Attraktor sehr stark ist, dann kann er solche Anfangsschwankungen ausgleichen?

Genau das passiert. Das ist auch das, was der Selbstorganisation zugrunde liegt. Nun wollen wir ja bei der technologischen Anwendung immer möglichst denselben reproduzierbaren Zustand erreichen. Und dadurch, dass die Dynamik so gestaltet ist, zieht sie sozusagen das System immer in denselben Zustand, egal, wo ich starte.

Das heißt also, für Nanotechnologen kommt es darauf an, Attraktoren zu konstruieren, die eine ganz starke Engführung des Prozesses bewirken.

Richtig.

Was kann denn ein Attraktor sein?

Ich nehme einmal dieses Beispiel: die sogenannte Bénard-Instabilität. Das ist auch ein Zustand, fern vom Gleichgewicht, bei dem sich eine Struktur spontan ausbildet, in diesem Fall eine Rollen-Struktur. Sie tritt auf in dem Öl, wenn Sie eine Bratpfanne von unten erhitzen, das heißt, die Unterseite ist heißer als die Oberseite. Wenn die Temperaturdifferenz genügend groß ist, dann bilden sich regelmäßige, symmetrische Rollen aus, mit einem festen, charakteristischen Durchmesser. Dies wäre ein Attraktor.

Attraktor – das klingt vom Wortsinn her ja so, als ob das eine Eigendynamik hätte, als ob also der Attraktor etwas täte, nämlich „anziehen". Der Attraktor ist aber die Form.

„Attraktor" ist ein mathematischer Begriff, der durchaus mit der Dynamik zu tun hat. Im Prinzip liegt diesen Nichtgleichgewichts-Systemen der Selbstorganisation immer eine Dynamik zu Grunde: dynamische Gesetzmäßigkeiten, die durch irgendwelche Differentialgleichungen mathematisch gegeben sind. Diese Dynamik beschreibt die Systementwicklung in Abhängigkeit von der Zeit auf einen Endzustand hin, nämlich den Attraktor. Dieser entspricht dem selbstorganisierten Muster.

Wie kann ich als Technologe den Attraktor beeinflussen?

Der Attraktor ändert sich, wenn ich an den Systemparametern drehe. Er kann sich auch dramatisch ändern. Durch eine Bifurkation, also eine Verzweigung, können ganz neue Attraktoren entstehen, auch wenn ich die Systemparameter nur ein bisschen verändere.

Da muss ich also nicht nur zugucken, sondern kann als Nanotechnologe bottom up, also unter Nutzung der Selbstorganisation, gezielt planen und Geplantes auch durchführen?

Ja, genau das kann ich. Und das ist eben auch der wesentliche neue Aspekt, weshalb wir kontrollierte Selbstorganisation einsetzen können, um in der Nanotechnologie Strukturen zu erzeugen. Wir können gezielt beeinflussen, verändern, steuern und optimieren. Und dazu gibt es – das ist auch eine bedeutende Forschungsrichtung –: Kontrolle! Man kann zum Beispiel durch geschickt gesetzte Rückkopplungsschleifen ein System so umbauen, dass ein Zustand, der vorher instabil und deswegen nicht beobachtbar war, plötzlich stabil, also zu einem Attraktor wird.

Das kann ich mir jetzt nicht ganz genau vorstellen, klingt aber gut!

Stellen Sie sich so einen Attraktor als ein geometrisches Gebilde vor! Bei dieser Sprechweise hat man im Hintergrund immer eine geometrische Vorstellung. Ein Attraktor ist so ein geometrisches Gebilde, er kann zum Beispiel ein Kreis sein, im einfachsten Fall, das wäre ein periodischer Attraktor, ein Grenz-Zyklus, auf dem das System immer herumläuft, wie ein Pendel. Es gibt aber auch viel kompliziertere Strukturen, chaotische Attraktoren.

Okay, und diese Geometrie kann ich aus einem instabilen Zustand entwickeln, den ich auf irgendeine Weise stabilisiere?

Richtig, zum Beispiel indem ich ein Signal des instabilen Systems nehme, etwa den Strom zur jeweiligen momentanen Zeit, dann die Differenz zum Signal *vor* einer bestimmten Zeit bilde und diese zeitverzögerte Differenz auf das System zurückkopple. Durch geeignet gewählte Verzögerungszeiten kann man dann einen instabilen Zustand oder ein instabiles Muster stabilisieren. Solche Rückkopplungskontrollschleifen lassen sich etwa mit elektrischen Stromkreisen oder auch mit Laserstrahlen auf einfache Weise realisieren.

Der Begriff Selbstorganisation könnte den Gedanken nahe legen, dass Selbstorganisations-Vorgänge ganz von alleine ablaufen, aber es ist doch Energiezufuhr und ein Anstoß nötig. Woran entscheidet sich, ob ein Anstoß ein Anstoß mit Folgewirkung ist oder ob er ins Leere geht?

Das hängt von den dynamischen Gesetzen ab und von den Systemparametern. Man kann die Systemparameter eben so einstellen, dass das System sich auf einen gewünschten Attraktor hin entwickelt.

Man liest in diesem Zusammenhang immer, dass diejenigen Varianten sozusagen von der Natur ausgewählt werden bzw. „siegreich“ bleiben, die energetisch am vorteilhaftesten seien. Was aber ist „energetisch vorteilhaft“? Wo liegt das Kriterium dafür? Sind es immer nur Prozesse, die möglichst wenig Energie verbrau-

chen – und heißt das, dass die Natur immer das Bestreben hat, möglichst wenig Energie aufzuwenden?

Das halte ich für eine gefährliche und falsche Aussage. Auch wenn es häufig gesagt wird, ist es eben falsch. Es geht bei Nichtgleichgewichtsprozessen nicht um den energetisch niedrigsten Zustand. „Das System sucht sich das Minimum der freien Energie" … das gilt nur im Gleichgewicht, im thermodynamischen Gleichgewicht, aber bei der Selbstorganisation sind wir ja gerade weit entfernt vom Gleichgewicht. Da gelten diese Gesetze nicht.

Das heißt, die Natur orientiert sich eigentlich an diesen Attraktoren?

Ja.

Gut, aber warum gerade an diesem Attraktor und nicht an einem anderen? Bleibt da vielleicht noch eine klitzekleine Unerklärbarkeit, die man nicht mathematisch, sondern nur durch Herumprobieren in den Griff bekommt?

In der Tat kommt es manchmal vor, dass ein System gleichzeitig mehrere unterschiedliche Attraktoren hat. Welcher nun ausgewählt wird, hängt von der Anfangsbedingung ab, bei der ich starte, oder von kleinen zufälligen Fluktuationen. Man spricht dann von spontaner Symmetriebrechung. Oft ist das System so kompliziert, dass eine Berechnung zu schwierig ist, und dann muss man tatsächlich herumprobieren.

Können Sie Beispiele nennen von heute schon möglichen, aber auch von für die Zukunft ins Auge gefassten Verfahren und Produkten, die auf Selbstorganisation basieren?

Ja, ein Beispiel wären Halbleiter-Quantenpunkt-Laser. Das sind Laser, die aus winzigen Halbleiterkristallen aufgebaut sind. Und diese sind so winzig, dass man sie als Quantenpunkte bezeichnet, weil ihre Ausdehnung im Bereich von einigen Nanometern liegt.

Bei Lasern, dachte ich, geht es um Photonen?

Dazu kommen wir gleich. Ein konventioneller Laser funktioniert so, dass Sie die Elektronen in einen angeregten Zustand anheben. Das kann zum Beispiel dadurch passieren, dass Sie einen Strom durch eine Halbleiterdiode hindurchschicken. Das sind die heute überall in technischen Geräten verwendeten Laser, wie sie auch in jedem CD-Player oder in jedem DVD-Laufwerk drin sind. Aber eine ganz neue Generation von Lasern kann man bauen, indem man nicht einen konventionellen Halbleiter verwendet, sondern diese winzigen Quantenpunkte. Und die kann man in geschickter Weise durch Selbstorganisation herstellen, in einer regelmäßigen Anordnung in möglichst gleicher Größe und gleicher Form, so dass die Elektronen, die in diesen winzigen, pyramidenförmigen Kristallen sitzen, alle im Takt aus ihrem angeregten Zustand in den Grundzustand hinunterfallen und jedes Elektron ein Photon aussendet. Und diese Photonen – das ist die Laserstrahlung, die wir beobachten.

Das wäre eine Generation von Lasern für morgen, für die Technologie von morgen. Im Labor funktioniert das heute schon sehr gut. Diese Laser haben bestimmte Vorteile, zum Beispiel sind sie weniger temperaturempfindlich, und sie benötigen geringere Ströme.

Man liest gelegentlich, dass die meisten Selbstorganisationsvorgänge, die in der Nanotechnologie genutzt werden, sich auf monomolekulare Schichten beziehen, also Schichten, die ganz flach sind, nur ein Molekül dick. Ist das denn richtig?

Nein! Das würde ich heute gar nicht so sehen. Es gibt einen ganzen Zoo und eine ganze Vielfalt von Strukturen in drei Dimensionen, die man mit Selbstorganisation erzeugen kann. Gerade eine ganz spannende neue Entwicklung ist, dass man diese dreidimensionalen Strukturen in Form von Nano-Gras, Nano-Blumen …

Habe ich das richtig verstanden: Nano-Gras – Gras wie das, das auf der Wiese wächst?

Ja, wie Gras, das auf der Wiese wächst. Nur dass das jetzt nicht ein paar Zentimeter oder Millimeter hoch ist, sondern im Nanometerbereich. Der Selbstorganisationsvorgang ergibt senkrecht hochstehende Drähte (im Englischen: *whiskers*, wie Schnurrbarthaare). Durch selbstorganisierte Halbleiter-Technologie kann man im Labor solche Sachen herstellen.

Und Nano-Blumen?

Ja, Blumen, das sind nicht einfach Stängel, die hochstehen, sondern da sind noch komplizierte geometrische Gebilde dran. Man kann sogar durch Selbstorganisation so etwas wie einen Nano-Wald herstellen. Das kann man sich als einen Urwald vorstellen, in dem die Baumstämme etwas kreuz und quer, aber immerhin in die Höhe stehen und wachsen. Beispielsweise an der Universität Lund in Schweden oder auch an der Universität Cambridge in England gibt es Wissenschaftler, die sich mit solchen Strukturen beschäftigen.

Wozu macht man diesen Urwald, dieses Gras, diese Blumen?

Das kann man ernten. Man kann diese Drähte, die hochwachsen, sozusagen abschneiden, und dann hat man winzige Drähte, mit denen man Schaltkreise bauen kann. Molekulare Motoren, für die man winzige Windmühlenflügel braucht, wären auch noch so ein Beispiel für dreidimensionale Anwendungen der Selbstorganisation. Es gibt eine ganze Menge solcher Anwendungen. Ich weiß von mehreren Leuten, die sich aktuell mit der Untersuchung molekularer Motoren befassen.

Molekular heißt in diesem Fall aber nicht monomolekular?

So ein Motor kann aus wenigen Molekülen bestehen, zum Beispiel kann ein spindelförmiges Molekül ein „Rad“ bilden, ein anderes Molekül das Radlager.

Sind diese Motörchen denn so etwas, das man auch in der Medizin einsetzen könnte? Zum Beispiel um etwas gegen den Druck der Blutbahn gezielt zu transportieren?

Bislang ist das ja noch Grundlagenforschung, es ist noch nicht reif. Aber ich denke schon, dass man so etwas einmal einsetzen könnte. Es wird sehr stark daran geforscht von biologischen Physikern. Im Bereich der Biologie gibt es ja kleine Einheiten, die sich fortbewegen. Diese Bewegung beruht auf solchen molekularen Motoreffekten. Diese versucht man nachzubauen. Die Frage ist: Wie macht es die Natur? Die Natur schafft irgendwelche Neurotransmitter oder Botenstoffe oder Proteine in unserem Körper von einem Ort zum andern. Das macht sie im Prinzip mit molekularen Motoren. Nicht, dass Sie sich jetzt da so einen verkleinerten Elektromotor vorstellen, das nicht, aber es ist im Prinzip eine Umsetzung von Energie (zum Beispiel chemischer) in gerichtete Bewegung.

Gibt es denn Ansätze, um künstlich erzeugte Selbstorganisationsprozesse zur Symbiose mit biologischen Prozessen zu bringen?

Durchaus. Das ist ein aktives Gebiet. Die Synthese und die Symbiose von biologischen Strukturen, Zellverbänden etwa, mit Halbleitern, mit künstlichen Atomen – daran wird gearbeitet, ja.

Wie viel Prozent der nanotechnologischem Fertigungsverfahren benutzen heute bereits Selbstorganisationsvorgänge?

Ich habe keine Zahl, aber es sind sicher sehr wenige. In der großtechnischen Anwendung, denke ich, praktisch kaum etwas. Was wir haben, sind noch Labormuster. Ein Grund, weshalb das Bundesministerium für Forschung und Technologie zusammen mit dem Verband Deutscher Ingenieure ein Forschungsförderprogramm mit dem Titel „Kontrollierte Selbstorganisation für zukünftige technische Anwendungen“ aufgelegt hat – es läuft gerade an –, war, dass die Selbstorganisation noch zu wenig in großtechnischen Prozessen genutzt wird. Ihre Nutzung ist aber eine Zukunftstechnologie, die wir entwickeln und fördern müssen.

Wie wären Ihre Prognosen für die nächsten zehn, zwanzig Jahre? Wie groß wird dann der Anteil der Selbstorganisation in der Nanotechnologie sein?

Ich denke, das wird ein beträchtlicher Teil sein. Im Augenblick wird vor allem noch so produziert, dass man sozusagen von außen erzwungene Strukturen aufprägt, so entstehen zum Beispiel auch die ganzen Schaltkreise, die Chips, die wir herstellen.

Also top-down.

Ja, top-down. Und was bottom-up betrifft – es wird eine Kombination geben, denke ich, es wird Prozesse geben, die rein selbstorganisiert ablaufen – ein Beispiel wären die Quantenpunkt-Laser, die ich vorher nannte –, und dann wird es Kombinationen und Hybridprozesse geben, wo Strukturierung und Selbstorganisation zusammenwirken. Das wird auch schon angewandt, zum Beispiel so, dass man auf einem Substrat gewisse Punkte markiert, an denen man die Nano-Strukturen wachsen lassen möchte. Der Wachstumsprozess selber läuft dann selbstorganisiert ab. Aber die Keime bilden sich an den Stellen, die vorher markiert wurden.

Ist es eigentlich eine Karikatur – oder sogar schlichtweg falsch –, wenn man sich das so vorstellt: Selbstorganisation ist für den Nanotechnologen praktisch die Fabrikation, in die man Prototypen hineingibt, welche dann massenhaft in die Tat umgesetzt werden? Also: Das „Design“ wird zum Beispiel durch Operationen mit dem Rasterkraftmikroskop vorgegeben – die „Fließband-Fertigung“ erfolgt durch Selbstorganisation? Ist das ein verzerrtes Bild? Oder ist es so?

Es ist jedenfalls im Prinzip so. Man muss ein nichtlineares

System so zurechtschneidern, dass es den gewünschten Attraktor hat.

Das leuchtet ein, darüber haben wir ja auch vorhin schon gesprochen. Wie ist das nun bei sehr aufwändigen Produktionen: Kann man Selbstorganisation in verschiedenen Stufen arbeiten lassen und so sehr Komplexes – insbesondere im Bereich der Biologie – hervorbringen? Also: Ich stelle Stufe eins her, die kreiert von selbst Stufe zwei, diese Stufe drei usw?

Ich würde das nicht so ausdrücken. Die Idee, dass diese selbstorganisierten Teilchen der ersten Stufe dann darangehen sollten, selbstorganisierte Teilchen der zweiten Stufe zu schaffen, erscheint mir ziemlich fantastisch. Aber wie sieht es wirklich aus? In den nichtlinearen Systemen gibt es eine Hierarchie von Instabilitäten. Der Gleichgewichtszustand, von dem wir ausgehen, wird zunächst einmal instabil und bildet eine einfache Struktur; das ist dann zum Beispiel eine räumlich regelmäßige periodische Struktur oder eine zeitlich regelmäßig, also periodisch oszillierende Struktur. Und diese Struktur kann wiederum in einer höheren Instabilität instabil werden, das nennen wir dann die zweite Bifurkation (also Verzweigung) die noch komplexere Strukturen hervorbringt. Und diese kann wiederum in einer höheren Instabilität noch komplexere Strukturen hervorbringen. Das passiert, wenn man einen Systemparameter ändert, der den Abstand vom Gleichgewicht beschreibt. Konkret: Ich schicke einen Strom durch eine Laserdiode. Je größer ich den Strom mache, je mehr Energie ich also zuführe, desto weiter treibe ich das System vom Gleichgewicht weg. Zunächst sendet der Laser konstante Laserstrahlung aus, dann fängt die Intensität an zu pulsieren, und schließlich emittiert der Laser zeitlich und räumlich komplexe Muster. Und die sich dabei entwickelnde Hierarchie von Instabilitäten kann man sich vielleicht als etwas in dieser Richtung vorstellen.

Und ein gewisser Überraschungseffekt ist immer dabei?

Ja, der ist immer dabei! Den nichtlinearen Systemen sehen Sie nicht an, was da drinsteckt. Nur durch Angucken von außen sehen Sie es weder den Modellgleichungen noch dem realen experimentellen System an. Das ist eben die große Überraschung. Die Physik, die man in der Schule lernt, das ist lineare Physik. Sie ist sehr gut anschaulich voraussagbar: kleiner Effekt – kleine Wirkung, großer Effekt – große Wirkung. Da kann nicht viel passieren. Wenn Sie beispielsweise einen linearen Schwinger anstoßen, oszilliert der eben, und wenn sie ihn stärker anstoßen, wird er weiter ausgelenkt, aber ansonsten ändert sich nichts.

Halten Sie es für denkbar, dass wir eines Tages auch notwendige Rohstoffe künstlich nachbauen und via Selbstorganisation produzieren? Öl? Nahrung? Wasser?

Die Materialforschung hat schon das Ziel, geeignete und immer neue Materialien mit neuen, maßgeschneiderten Eigenschaften zu schaffen. Und das kann durchaus durch kontrollierte Selbstorganisation geschehen. Das heißt aber natürlich nicht, dass wir sozusagen neue Elemente schaffen, sondern das sind bekannte chemische Elemente, bekannte Materialien als Ausgangsstoffe, die aber durch ihre geometrische Strukturierung auf einer Nanometerskala völlig neue Eigenschaften bekommen. Früher war es immer so, dass die Zeitalter der technischen Entwicklung nach ihren Leitmaterialien benannt wurden, also die Steinzeit, die Bronzezeit, die Eisenzeit und heute vielleicht die Silicium-Zeit. In Zukunft wird eine Epoche nicht mehr nach dem Material benannt. Die Zukunftsepoche könnte Zeitalter der Nanostruktur heißen, weil man die physikalischen Eigenschaften, die Farbe usw. dadurch verändert, dass man die Größe und die Form im Nanometerbereich ändert. Das sagt uns die Quantenmechanik. Wenn Sie zum Beispiel einen Nanokristall größer machen, dann verschiebt sich etwa die Farbe, mit der er strahlt, zu kleineren Frequenzen, also zu größeren Wellenlängen, das heißt, er wird rötlicher.

Aber so etwas wie Öl oder Wasser auf Nano-Ebene zu kreieren, das wäre nicht eines Tages auf nanotechnologischem Weg mit Selbstorganisation denkbar?

Nein, da können wir nichts machen. Allenfalls indirekt, weil man Einsparungsmöglichkeiten findet. Also so, dass wir für bestimmte Zwecke weniger Wasser brauchen, zum Beispiel bei Kühlsystemen. Oder dass wir weniger Rohstoffe brauchen, ich denke zum Beispiel an Schaltkreise: Wenn die Schaltkreise immer kleiner werden, mit gleicher Funktion, dann brauchen wir weniger Rohstoffe. Auch Ersatzrohstoffe wird es geben.

Woran arbeiten Sie?

Ich arbeite in der theoretischen Physik, nicht in der praktischen Experimentalphysik. Wir entwickeln Systeme und Modelle – und berechnen die dann auch auf dem Computer –, welche Selbstorganisation in zweierlei Hinsicht zeigen. Den einen Forschungsbereich möchte ich die *funktionelle Selbstorganisation* nennen. Das sind Systeme, beispielsweise elektronische Schaltkreise, die oszillieren, die also elektronische Schwingungen erzeugen in ganz kontrollierter Weise, das heißt also stabil mit kontrollierter Frequenz. Das ist die eine Forschungsrichtung. Wir haben dazu Kontrollmethoden entwickelt, die auch wieder selbstorganisiert sind, also keiner Steuerung von außen bedürfen. Das System steuert sich selber und korrigiert dann seine Fehler selber. Das nennt man eine Rückkopplungs-Kontrolle.

Was kann man damit machen?

Damit könnte man zum Beispiel stabile Schwingkreise konstruieren, elektronische Schaltkreise, elektronische Chips, Laser …

Und der Vorteil gegenüber dem, was wir jetzt haben, wäre …?

Der Vorteil gegenüber heute wäre vor allem, dass diese Systeme stabiler laufen. Unsere Systeme können ja ausfallen. Gerade wenn sie am Rande der technischen Möglichkeiten betrieben werden, können sie auch mal chaotisch werden. Das wollen wir verhindern. Um den Übergang in einen chaotischen Zustand zu vermeiden, kann man die oben beschriebenen zeitverzögerten Rückkopplungsschleifen einbauen. Das betrifft übrigens nicht nur Anwendungen in der Nano-Optoelektronik, sondern auch neuronale Systeme. Die Hirnforschung arbeitet mit Modellen, die sehr nahe an den Modellen sind, die wir beispielsweise in der Optoelektronik verwenden.

Das heißt, Sie können durch das, was Sie machen, auch der Neuroforschung weiterhelfen?

Genau! Eine Anwendung wäre zum Beispiel die Unterdrückung von krankhaften Zuständen, wie Epilepsie oder Parkinson. Dafür sind genau dieselben Methoden notwendig, die wir in unseren Schaltkreisen anwenden, nämlich Rückkopplungsschleifen. Das ist heute auch schon aktuelle Forschung, die bereits an Patienten erprobt wird. Was bei Epilepsie oder Parkinson passiert, ist, dass die vielen Neuronen im Gehirn im Takt, also synchronisiert, feuern. Das ist der krankhafte Zustand, den man unterdrücken möchte.

Unsere zweite Forschungsrichtung ist die *materielle Selbstorganisation.* Wir versuchen zu verstehen und vorherzusagen und durch Wachstumsmodelle zu beschreiben, wie sich winzige Halbleiterkristalle selbst ordnen und zu selbstorganisierten Strukturen, zum Beispiel zu Feldern von Quantenpunkten, zusammenfinden.

Das heißt eigentlich, Sie sind da ja gar nicht nur im Bereich der Theorie tätig, sondern auch eng mit den Praktikern verbunden.

Das ist richtig. Es gibt immer eine sehr enge Verknüpfung von theoretischen Überlegungen und Grundlagenforschung mit anwendungsorientierten Untersuchungen. Man kann das gar nicht trennen. Wir überlegen uns irgendwelche Effekte in der Theorie und stellen fest, es gäbe hierfür ja eine wunderbare Anwendung, und schon sind wir bei technologischen Details. Deswegen halte ich es auch für ganz unglücklich, wenn man bei der Forschungsförderung trennt zwischen einer Grundlagenforschung und einer anwendungsorientierten Forschung. Das geht heute nicht mehr. Es gibt viele, viele Verknüpfungen. Und wenn man das eine vom anderen trennt, behindert man im Grunde den technologischen Fortschritt. Dinge, die Theoretiker ersonnen haben, können irgendwann einmal – und das kann sehr schnell gehen – ganz unerwartete Anwendungen finden.

In welche Richtung wird sich Ihrer Ansicht nach die Nanoforschung in den nächsten Jahren entwickeln?

Es wird wahrscheinlich zwei wichtige Richtungen geben. Einmal die Richtung, rein technische Objekte herzustellen mit anorganischer Materie, mit Halbleitermaterialien, Metallen usw. Und die zweite Richtung wird die Vereinigung von biologischen Systemen mit solchen technischen Systemen sein.

Das ist sicher noch ein sehr weites Feld?

Das ist ein so großes Feld, dass man gar nicht vorhersagen kann, was da noch möglich sein wird!

Und von Ihrer Seite ist das mit Optimismus besetzt?

Ich sehe die Entwicklung mit Optimismus. Ich denke, die beteiligten Wissenschaftler sind sich über ihre Verantwortung im Klaren. Und vieles, was an Ängsten vielleicht in der Öffentlichkeit gestreut wird, ist wirklich irrational.

Die Evolution der neuen Produktionsverfahren

Jens Gobrecht

In der interessierten Öffentlichkeit werden an die Nanowissenschaft vielfältige Erwartungen geknüpft. Damit stellt sich auch die Frage, wann wir denn von diesen in Aussicht stehenden Segnungen werden profitieren können. Ob überhaupt, wann und wie die Erkenntnisse aus der Nanowissenschaft in Produkte und damit in Nutzen für die Menschheit umgesetzt werden, hängt nun ganz wesentlich davon ab, dass Methoden gefunden und entwickelt werden, welche die Fabrikation von Nanomaterialien, -oberflächen und -objekten unter realistischen Bedingungen erlauben. Realistische Bedingungen heißt in diesem Fall: *ohne Gefahr für Mensch und Umwelt, mit sparsamem Ressourcenverbrauch und zu vertretbaren Kosten.* Eine der Herausforderungen stellt sich dabei mit der Frage, ob es gelingt, in gewissem Sinne die Natur zu kopieren. Dort werden die Dinge ja anders produziert als in der Welt der Technik.

Für die Nano*wissenschaft* ist es völlig hinreichend, wenn die zu untersuchenden Strukturen und Objekte im Labor mit komplizierten, teuren und langsam arbeitenden Geräten hergestellt werden. Von den Kosten einmal abgesehen, ist es dabei auch ganz normal, dass die Herstellung der zu untersuchenden Probe häufig nicht oder nicht in der gewünschten Qualität gelingt und der bedauernswerte Doktorand erst nach endlosen Nächten des „Probierens“ endlich einmal Erfolg hat, weil zufällig gerade alle Versuchsbedingungen stimmten. Derartige Herstellungsverfahren sind für eine industrielle Umsetzung der nanowissenschaftlichen Erkenntnisse in Produkte natürlich ungeeignet. Es ist deshalb seit wenigen Jahren unter der Bezeichnung „Nanofabrikation“ eine neue Forschungsrichtung entstanden. Hier befasst man sich mit der Entwicklung von robusten und kostengünstigen Techniken zur Herstellung nanotechnischer Produkte. In diesem Kapitel soll vor allem auch auf diesen Aspekt eingegangen werden.

Grundsätzlich bieten sich, wie bereits im ersten Kapitel kurz erwähnt, zwei Wege an, um irgendetwas herzustellen: der in der Technik bisher praktisch ausschließlich verwendete „*top-down*“-Ansatz und der in der Natur dominierende „*bottom-up*“-Ansatz. Leider gibt es keine deutschen Begriffe, die diese Richtungen prägnant und umfassend beschreiben. Sie werden in den folgenden Absätzen genauer und mit Beispielen erklärt. Ihr Verständnis ist wichtig, denn sie bezeichnen einen ganz wesentlichen Aspekt der Nanotechnologie und der Nanofabrikation.

Seitdem Menschen in der Steinzeit die ersten Faustkeile herstellten, hat sich in der Technik das *top-down*-Prinzip etabliert. Meist begann man mit einem größeren Stück Material: einem Stein, einem Baumstamm, einer Eisenstange, und bearbeitete dieses mit geeigneten Werkzeugen, bis es die gewünschte Form hatte. Gewiss, es gibt auch schon sehr lange die Techniken des Gießens oder des Formens – etwa für Glocken oder Ziegel –, bei denen das hergestellte Teil praktisch gleich in der gewünschten Form entsteht, doch sind dann in der Regel die Werkzeuge und Urformen vorher durch die oben genannten Bearbeitungstechniken herzustellen. Durch top-down entstanden und entstehen also die Teile, aus denen wir unsere technischen Systeme fertigen, sei dies ein Auto, ein Möbelstück oder ein Radio.

Im Hinblick auf die Nanotechnologie interessiert dabei vor allem, welche Kleinheit der auf diesem Weg hergestellten Teile und Strukturen erreicht werden kann. Jahrtausendelang lag die Grenze der Genauigkeit bei der Bearbeitung von reproduzierbar herstellbaren Teilen bei einigen zehntel Millimetern, einer Größe, die man mit bloßem Auge oder einer einfachen Lupe gerade noch erkennt. Beispiele sind die gut 3500 Jahre alten Siegelsteine aus der minoischen Kultur auf Kreta oder frühe Kupferstiche aus dem ausgehenden Mittelalter. Noch vor gut 100 Jahren gehörten etwa Komponenten in Taschenuhren mit wenigen zehntel Millimetern Durchmesser wahrscheinlich zu den kleinsten Teilen, die man gezielt herstellen konnte. Mit dem technischen Fortschritt hat sich diese Untergrenze jedoch rapide zu kleineren Abmessungen hin bewegt: Heute sind gewisse Strukturen in den top-down hergestellten Mikroelektronik-Chips schon nur noch 90 Nanometer breit, und in naher Zukunft werden es nur noch 65 Nanometer sein. Es gibt kein physikalisches Gesetz, das verbieten würde, dass sich dieser Trend noch einige Zeit fortsetzt. Die gelegentlich als die Miniaturisierung limitierend zitierte „Heisenberg'sche Unschärferelation" macht sich erst bei wesentlich kleineren Teilen und Strukturen praktisch bemerkbar, als sie für die Nanotechnik relevant sind. Bei ihr handelt es sich um ein grundlegendes physikalisches Gesetz, das es verbietet, bei sehr kleinen Teilchen deren Ort und Energie bzw. Impuls gleichzeitig zu kennen.

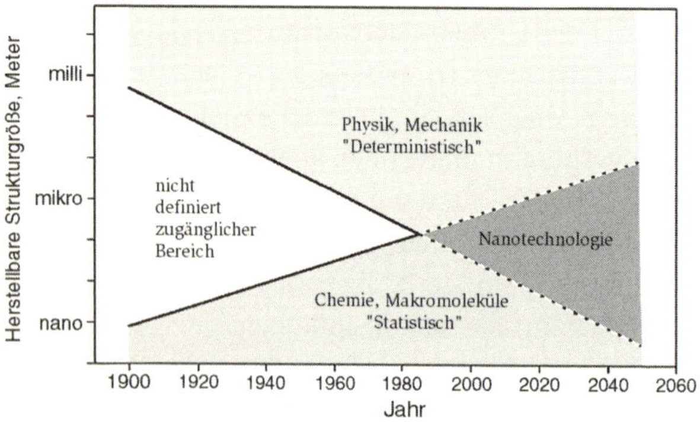

Abb. 1: Gegenüberstellung der kontrolliert herstellbaren Strukturgrößen über die letzten einhundert Jahre

Parallel zur Fähigkeit der Techniker, immer kleinere Teile mittels des top-down-Ansatzes herzustellen, begannen Chemiker aus der anderen Richtung, also *bottom-up*, immer komplexere, größere Moleküle zu synthetisieren. Besonders interessierte sie der Bereich der Polymere und der Biochemie. Polymere sind vergleichsweise lange, fadenartige organische Moleküle, welche die chemische Basis für die heute vielfältig verwendeten Kunststoffe darstellen. Die Fadenmoleküle bilden in der Regel Knäuel von einigen Nanometern Größe, die man sich wie einen Haufen Spaghetti vorstellen kann. Seit einigen Jahren überlappen sich die kleinsten, mittels top-down-Technik herstellbaren Strukturen und die großen, chemisch synthetisierbaren Moleküle (siehe Abb. 1). Der wesentliche Unterschied besteht darin, dass es sich bei top-down stets um individuelle, d. h. deterministisch identifizierbare Strukturen handelt (zum Beispiel Transistoren in einem Mikrochip), während es sich bei der chemischen Synthese immer um eine sehr große Gesamtheit von im Prinzip ununterscheidbaren Objekten handelt.

Wenn, wie bei komplexen Polymermolekülen, aus elementaren Bausteinen wie Atomen und einfachen Molekülen unter Zufuhr von Energie und Beachtung von irgendwelchen „Bauanleitungen" ein komplexeres Gebilde entsteht, wird dies also als bottom-up-Ansatz bezeichnet. In völliger Perfektion beherrscht die Natur dieses Prinzip: Aus einer befruchteten Eizelle und unter Zufuhr von Nährstoffen und Sauerstoff entsteht mittels geheimnisvoller „Bauanleitungen" ein Tier oder ein Mensch. Der große Unterschied zwischen dem künstlichen bottom-up-Verfahren im Reagenzglas und demjenigen der Natur liegt darin, dass der Chemiker nur darüber die Kontrolle hat, welche Moleküle und wie viele davon sich im Reagenzglas bilden sollen. So können komplizierte, aber letztlich doch nur makroskopisch weitgehend homogene Materialien erzeugt werden. Die Natur ist da wesentlich weiter: Sie kontrolliert nicht nur, ob sich Leber-, Haut- oder Hirnzellen in einem wachsenden Organismus bilden sollen und wie viele davon, sondern auch, wo genau sich diese Zellen bilden sollen und wo nicht. Es ist eine der großen Herausforderungen in der Nanotechnologie, die Natur in diesem Punkt nachzuahmen oder vielleicht auch einzuspannen und so auch künstliche Materialien und Systeme bottom-up herstellen zu können. Man verspricht sich davon erhebliche Einsparungen an Energie und Rohstoffen bei der Herstellung industrieller Güter. Dass man eines Tages irgendeine Schachtel bekommt, die man in die Sonne stellt und ein wenig gießt, und nach fünf Tagen ist das fertige Fahrrad daraus „gewachsen" – diese Vision liegt allerdings noch in sehr weiter Ferne. Solche Visionen erzeugen naturgemäß auch gewisse Ängste. Wie können wir von vornherein sicherstellen, dass nur die gewünschten Produkte entstehen und nicht irgendwelche Monster, die außer Kontrolle geraten?

Ein weiterer unbestreitbarer Vorsprung, den die Natur gegenüber unseren technisch hergestellten Produkten hat, ist das Vermögen, selbst zu heilen. Jeder kennt die kleinen Missgeschicke wie eine Schnittverletzung mit dem Küchenmesser am Finger.

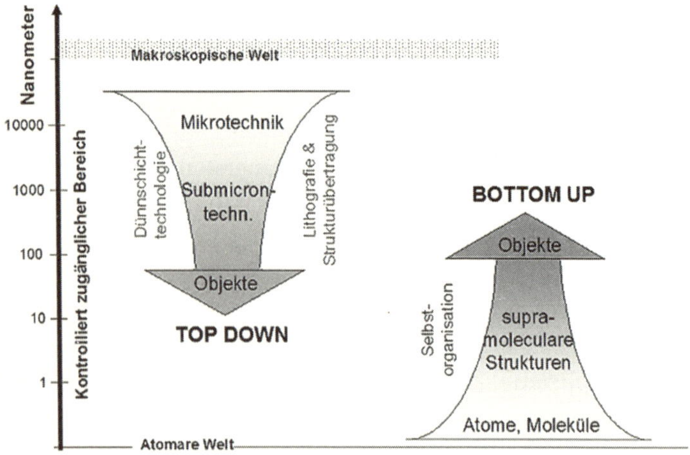

Abb. 2: Der top-down- und der bottom-up-Ansatz.

So sehr es im Moment auch schmerzt, nach ein paar Tagen ist es von selbst verheilt oder, technisch gesprochen, „repariert“. Auch hier wird versucht, mit Nanotechnologie die Natur nachzuahmen. So sind beispielsweise Lackschichten in Entwicklung, bei denen sich Kratzer nach kurzer Zeit wieder von selbst schließen, wodurch eine Korrosion des darunter liegenden Materials verhindert werden kann.

***

Eine seit Jahrzehnten etablierte Technik, die heute – nicht in allem korrekt – auch unter dem Begriff Nanotechnologie verkauft wird, ist die Dünnschichttechnik. Hier wird ausgenutzt, dass sich vakuumtechnische oder chemische Beschichtungsverfahren hinsichtlich der Schichtdicke sehr genau steuern lassen und dass es so gelingt, dünne Schichten von einigen Mikrometern bis unter einen Nanometer Dicke kontrolliert herzustellen. Das ist bestenfalls Nanotechnik in nur einer der drei Raumdimensionen. Solche Verfahren sind heute weit verbreitet und dienen zur optischen Beschichtung von Brillengläsern oder für Hartschichten auf Werkzeugen und werden auch bei der Herstellung von Halbleiterchips eingesetzt.

Noch einfacher und deshalb auch viel länger bekannt sind chemische Verfahren zur Herstellung sehr dünner Filme. Jeder kennt die schillernden Farben, die ein Tropfen Öl auf einer Pfütze erzeugt. Die sich auf der Wasseroberfläche von selbst (bottom-up!) bildende Ölschicht ist einige hundert Nanometer dick, also für Nanotechnologen noch nicht sonderlich beeindruckend. Viel besser, das heißt dünner und gleichmäßiger, geht es mit gewissen Fettsäuren, die man auf die Wasseroberfläche tropft. Diese bilden eine Schicht, die nur aus *einer Lage* dieser dicht an dicht liegenden Fettsäure-Moleküle besteht, also knapp einen Nanometer dick und über weite Flächen sehr homogen ist. Die Schichten lassen sich von der Wasseroberfläche leicht auf andere Substrate, zum Beispiel auf Glasscheiben, übertragen und spielen in der Nano-Forschung auch heute eine wichtige Rolle. Auf diese Weise lassen sich mehrere unterschiedliche Moleküle in Form dichter, nur ein Molekül dicker Schichten auf Substrate aufbringen, womit sich vergleichsweise komplexe Strukturen mit in einer Richtung, nämlich senkrecht zu den Schichten, kontrollierbaren Nanometer-Abmessungen herstellen lassen. Dieses Verfahren wurde vor bald 100 Jahren von den Amerikanern Langmuir und Blodgett entwickelt. Es ist so einfach, dass jeder es in der Küche nachmachen und sich dann mit gewissem Recht auch „Nanotechnologe“ nennen kann.

Um Nanostrukturen und -objekte *in allen drei Dimensionen* zunächst im top-down-Verfahren herstellen zu können, genügt die Dünnschichttechnik nicht. Hier sind in der Halbleiter-Industrie in den vergangenen Jahren beeindruckende Lösungen gefunden worden. Die Schlüsselkomponenten in unseren Computern, Handys usw. sind die Halbleiterchips: kleine Plättchen aus Silicium mit einigen Millimetern Kantenlänge, auf denen Stromkreise mit Millionen von Schaltern und Verbindungsdrähten untergebracht sind. Wie stellt man die her? Im Detail ist das sehr kompliziert, weshalb hier nur die entscheidenden Schritte für die Miniaturisierung beleuchtet werden sollen.

Wir können die Oberfläche eines Mikrochips im Prinzip mit einem Stadtplan vergleichen – am besten vielleicht mit dem einer Stadt im Westen der USA, wo ja die Straßen oft sehr regelmäßig von Ost nach West bzw. Nord nach Süd verlaufen. Die Kreuzungen symbolisieren die Schalter, die Straßen die Verbindungsdrähte. Wie kann dieser Stadtplan, der vielleicht an der Wand des Büros hängt, tausendfach verkleinert auf einen Mikrochip gebracht werden? Eine Möglichkeit wäre, ihn aus ein paar Metern Entfernung mit einer guten Kamera zu fotografieren. Dann findet er sich auf dem Negativ in entsprechend verkleinerter Form. Statt des Negativ-Films kann ein mit einer lichtempfindlichen Lackschicht beschichteter Chip in die Kamera gesteckt werden und auf diese Weise der „Stadtplan“, d. h. die Lage der Schalter und der Verbindungsleitungen, auf dem Chip festgelegt werden. Auch wenn es primitiv klingt: Das ist nach wie vor die grundlegende Technik, mit der die kleinen, heute zum Teil unter 100 Nanometer breiten Strukturen auf den Mikrochips in ihrer Größe und Lage definiert werden. Allerdings hat die hierfür notwendige „Kamera“ die Größe eines Wohnzimmers und kann ohne Weiteres um die 20 Millionen Euro kosten. Nach der Einprägung des Musters in die lichtempfindliche Lackschicht auf dem Chip (durch Belichtung) muss diese noch entwickelt werden und das Muster dann – etwa durch einen Ätz-Schritt – in das Material der Chipoberfläche übertragen werden, so wie man auch die Druckplatte für einen Kupferstich herstellen würde. Man spricht hier vom fotolithografischen Verfahren.

Auch die Originale der „Stadtpläne“ werden sehr aufwändig hergestellt. Man verwendet Platten aus Quarzglas, die wiederum mit einer lichtempfindlichen Lackschicht beschichtet sind. Das (noch vergrößerte) Muster wird mit einem unten noch näher beschriebenen Elektronenstrahl-Verfahren in diese Lackschicht gebrannt, ähnlich wie auch das Muster auf dem Bildschirm des Fernsehers dadurch entsteht, dass an den Stellen, die leuchten sollen, ein Elektronenstrahl von hinten auf den Bildschirm trifft. Solche Original-Platten mit den Mustern der elektronischen Schaltung sind sehr teuer. Da sie sich aber im fotolithografischen Verfahren im Prinzip nicht abnutzen und daher beliebig oft verwenden lassen, sind die Kosten pro gefertigtem Mikrochip akzeptabel.

Kann dieses in der Mikroelektronik-Industrie etablierte Verfahren auch für die Massenfertigung von Nanostrukturen auf Oberflächen verwendet werden? Dazu muss die Physik betrachtet werden. Bereits bei den optischen Mikroskopen im ersten Kapitel wurde darauf verwiesen, dass ein Erkennen von Objekten, die kleiner sind als die Lichtwellenlänge des verwendeten Lichtes, mit diesen Geräten nicht möglich ist. Das gilt auch genauso, wenn das Licht in umgekehrter Richtung die Muster durch die Quarzglas-Platte verkleinert auf der Chip-Oberfläche mit der „Kamera-Methode“ abbildet. Auch diese Muster auf dem Chip dürften im Prinzip nicht kleiner sein als die Wellenlänge des Lichtes. Umso erstaunlicher ist es, dass heute bereits Chips mit Strukturen unter 100 Nanometern Größe gefertigt werden. Man erreicht dies einmal durch Verwendung von ultraviolettem Licht mit einer Wellenlänge von nur 193 Nanometern und zum anderen durch eine Reihe von Tricks, die selbst wiederum auf physikalischen (optischen) Effekten beruhen.

In den Anfängen der Mikroelektronik vor etwa 40 Jahren war man der Meinung, dass sich aus praktischen Gründen mit den bekannten optischen Verfahren (Fotolithografie) keine Muster auf Chips fertigen lassen würden, die kleiner als ein Mikrometer sind. Man hat deshalb große Forschungsanstrengungen unternommen, um Lithografieverfahren mit Elektronen- oder Röntgenstrahlen zu entwickeln, die von der Physik her erst bei wenigen Nanometern an ihre Grenzen stoßen. Kaum etwas davon hat sich jedoch durchgesetzt. Mit den erwähnten Tricks und ultraviolettem Licht können heute aber Strukturgrößen mit Fotolithografie erreicht werden, die noch vor 20 Jahren kein Fachmann zu prognostizieren gewagt hätte.

Recht mit seinen Prognosen hatte dagegen Gordon Moore, Mikrochip-Pionier und einer der Gründer der Firma Intel. Er hat bereits in den 70er Jahren des letzten Jahrhunderts vorausgesagt, dass sich die Zahl der Transistoren auf einem Mikrochip alle 18 Monate verdoppeln wird („Moore'sches Gesetz“). Da aus technischen und praktischen Gründen die Chips nicht größer werden können, muss zwangsläufig die Größe der Komponenten entsprechend schrumpfen, wenn dieses Gesetz zutrifft. Es gehört mit zum Erstaunlichsten in der jüngeren Technik-Geschichte, dass diese auf einer Extrapolation (und auch noch einer im logarithmischen Maßstab!) basierende Voraussage seit gut 30 Jahren ziemlich genau zutrifft. Möglich wurde dies durch einen enormen Aufwand in Forschung und Entwicklung, der sich durch die gewaltige wirtschaftliche Potenz erklärt, welche die Elektronik-Branche heute darstellt. Die Mikroelektronik-Industrie ist die einzige Branche, die bereits heute „Nanofabrikation“ nach dem top-down-Ansatz in der Massenfertigung etabliert hat.

Prinzipiell gibt es eine ganze Reihe von technischen Möglichkeiten, Materialien im top-down-Verfahren mit Nanometer-Präzision zu bearbeiten. Das beschriebene Lithografieverfahren ist eines, das relativ wirtschaftlich einsetzbar ist, da es „parallel“ arbeitet, das heißt, die Strukturen auf der gesamten zu bearbeitenden Fläche (zum Beispiel dem Mikrochip) werden „mit einem Schuss“ gleichzeitig definiert. Im Gegensatz dazu gibt es die seriell arbeitenden Verfahren; diese „schreiben“ die Strukturen in den lichtempfindlichen Lack, wie wenn man einen Text mit dem Stift auf Papier schreibt. Dazu gehören insbesondere die Elektronen- und Ionenstrahlverfahren. Auch für diese gilt zwar die physikalisch fundamentale, durch die Wellenlänge gegebene Begrenzung der Auflösung. Doch sind sie deshalb für die Nanotechnik so interessant, weil die den Elektronen und Ionen zugehörigen Wellenlängen sehr viel kleiner sind als die des sichtbaren Lichtes.

Bei einem herkömmlichen Fernseher entsteht das Bild auf dem Bildschirm, indem ein Elektronenstrahl im Vakuum der Bildröhre über den Bildschirm rastert und dort, wo der Schirm hell leuchten soll, angeschaltet und, wo er schwarz bleiben soll, ausgeschaltet wird. Genauso funktioniert der Elektronenstrahlschreiber, nur dass man statt des Bildschirms die zu strukturierende Fläche mit der für Elektronen empfindlichen Lackschicht (Resist) einsetzt, der Elektronenstrahl hier sehr viel präziser fokussiert ist (kleiner als einen Nanometer im Fokus) und das abgerasterte Feld nur Bruchteile eines Quadratmillimeters beträgt. Ist dieses Feld „beschrieben“, rückt der Probentisch mit der zu strukturierenden Fläche mechanisch zum nächsten Feld weiter. So kann das „Beschreiben" einer Fläche von nur wenigen Quadratzentimetern mit nanometerkleinen Strukturen schon Stunden oder gar Tage dauern – nicht gerade praktisch für die Massenfertigung. Trotzdem wird der Elektronenstrahl in der Nanotechnik gern zur Herstellung der Originale benutzt. Das sind die im Zusammenhang mit der Fotolithografie erwähnten „Stadtpläne" auf den Quarzglas-Scheiben oder die Werkzeuge für die unten noch näher beschriebene Nanoreplikation. Moderne Elektronenstrahlschreiber erreichen ein Auflösungsvermögen von deutlich unter zehn Nanometern in geeigneten Resists.

Ionenstrahlschreiber funktionieren analog wie die Elektronenstrahl-Geräte. Aufgrund der wesentlich größeren Masse der Ionen kann der Ionenstrahl allerdings nicht nur benutzt werden, um Lackschichten zu „belichten", sondern auch, um den lokalen Materialabtrag von der Probe direkt zu besorgen. Im Prinzip funktioniert das wie ein kleines Sandstrahl-Gebläse, bei dem die Sandkörner die Ionen sind. Weil diese elektrisch geladen sind, lässt sich der Strahl durch Magnetfelder auf sehr kleine Durchmesser fokussieren, was einen sehr punktuellen Materialabtrag erlaubt. Man kann damit beispielsweise winzige Löcher mit einem Durchmesser von rund zehn Nanometern in eine Oberfläche „bohren".

Wenn es schon mit dem Rastertunnelmikroskop möglich ist, einzelne Atome und Moleküle zu verschieben, könnte man dann nicht auch durch sehr vorsichtiges Kratzen mit der Tunnelspitze ein kleines Muster mit Nanometer-Auflösung in die dünne Oberflächenschicht eines Materials ritzen? Man kann. Allerdings lässt sich die Spitze eines Rastersondenmikroskops bei weitem nicht so schnell bewegen wie ein Elektronenstrahl, weshalb die „Flächenproduktivität" noch wesentlich schlechter ist. Immerhin ist es aber mit dieser Methode gelungen, sogar einzelne Atome aus einer glatten Oberfläche zu „rupfen" und so die kleinsten überhaupt vorstellbaren Löcher in dieser Oberfläche zu erzeugen. Eine interessante Variante dieses Verfahrens benutzt ein Rasterkraftmikroskop, dessen Spitze als eine Art Feder eines winzigen Füllfederhalters ausgebildet ist. Als „Tinte“ kann man zum Beispiel eine Flüssigkeit verwenden, die gewisse Biomoleküle enthält. Man kann dadurch eine Oberfläche sehr punktuell biologisch sensibilisieren, zum Beispiel um mit einem so hergestellten Chip bestimmte Proteine nachzuweisen.

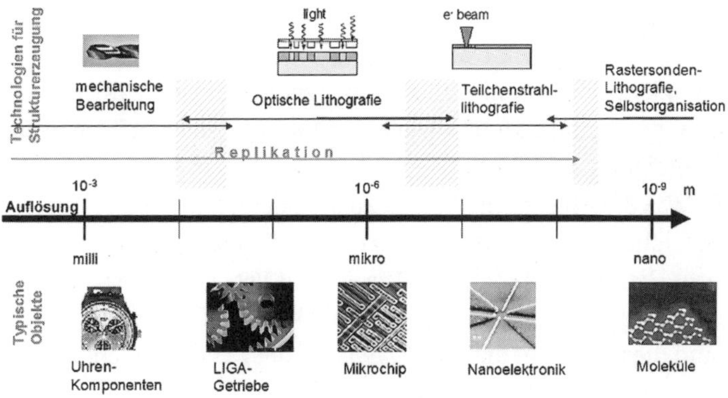

Abb. 3: Die wichtigsten Herstelltechnologien der Mikro- und Nanotechnik, deren Arbeitsbereich und typische, damit hergestellte Objekte.

All diese seriellen Verfahren sind physikalisch hochinteressant und technisch in der Lage, Materialien mit einer Auflösung von wenigen Nanometern zu bearbeiten, doch sind sie für eine echte Massenfabrikation von Nano-Strukturen oder -Objekten viel zu langsam, um wirtschaftlich zu sein. Sie werden deshalb einerseits vorwiegend im Labor in Forschungsprojekten eingesetzt, andererseits zur Herstellung von Werkzeugen für die Nano-Replikation.

Replikation ist ein ebenso einfaches wie altes Fabrikationsverfahren. Man stellt top-down ein Werkzeug her, in der Regel mit dem Negativ der gewünschten Form, und drückt dieses in das abzuformende Material. Münzen werden seit Jahrtausenden so hergestellt. Nun wurde oben gerade gezeigt, dass es etliche Labormethoden gibt, mit denen durchaus Objekte und Strukturen mit Abmessungen von nur wenigen Nanometern top-down erzeugt werden können – nur leider zu langsam, als dass sie sich für eine direkte industrielle Fertigung von Nanoprodukten eignen würden. Es ist eine nahe liegende Idee, diese Labormethoden zu verwenden, um die Werkzeuge für die Abformung von Nanoprodukten herzustellen. Das wird heute bereits in zahlreichen Anwendungen praktiziert: So werden Prägestempel für die Abformung von Nanogittern in Kunststoff-Oberflächen mittels Elektronenstrahl-Lithografie erzeugt, ebenso wie auch die Original-"Landkarten" für die Muster auf den Oberflächen der Mikrochips.

Was die Abformung bereits auch in der Nähe des Nanometer-Bereiches leistet, illustriert am besten die Produktion von Compact Disks und DVDs (DVD = Digital Versatile Disk). Auf diesen Datenträgern (auch wenn Musik oder ein Film darauf ist, sind diese in Form digitaler Daten auf der Disk gespeichert) sind die „Bits", also die Nullen und Einsen, in Form kleiner Löcher im Kunststoff der Scheibe gespeichert. (Die beschreib- und wiederbeschreibbaren Disks betrachten wir hier nicht, sie funktionieren etwas anders.) Die Löcher haben auf der CD etwa einen Mikrometer Durchmesser, auf der DVD nur noch 300 Nanometer. Auf der CD befinden sich einige hundert Millionen, auf der DVD einige Milliarden solcher Löcher. Hergestellt werden sie im Spritzguss-Verfahren mit Taktzeiten von einigen Sekunden. Das Werkzeug ist eine Nickelfolie, auf der an den Orten, an denen sich auf der Disk die Löcher befinden sollen, kleine Erhebungen sind. Diese Nickelfolie entsteht ihrerseits durch galvanische Abformung von einem aufwändig hergestellten Original. Die DVD-Produktion zeigt, dass Strukturen mit präzisen Abmessungen im Bereich von wenigen hundert Nanometern kostengünstig in Millionen-Stückzahlen hergestellt werden können. Forschungsergebnisse haben gezeigt, dass auch noch wesentlich kleinere Strukturen mit entsprechend modifizierten Abformverfahren in Kunststoff fabrizierbar sind. Der Amerikaner S. Chou und seine Mitarbeiter haben so auf einer Oberfläche regelmäßig angeordnete winzige Kunststoff-Säulen mit nur acht Nanometern Durchmesser erzeugt.

***

Soweit also die wichtigsten top-down Verfahren, die heute für die Herstellung von kontrollierten Nanostrukturen in gegebenen Materialien und Oberflächen zur Verfügung stehen. Die Natur verwendet zur Fabrikation ihrer lebenden Produkte das bereits erwähnte bottom-up-Prinzip. Dieses baut im Wesentlichen auf chemischen Prozessen auf. Verschiedene chemische Prozesse werden heute zur Herstellung der für einige Anwendungen in der Nanotechnik bereits wichtigen Nanopartikel eingesetzt. Kleine Teilchen, also auch Nanopartikel, gab es schon immer; sie entstehen unter anderem bei der Verbrennung (Rauch, Ruß). Oft resultieren so allerdings Zufallsprodukte hinsichtlich chemischer Zusammensetzung, Größe, Form und innerer Struktur. Eine Voraussetzung dafür, dass die Teilchen systematisch wissenschaftlich erforscht und daraus resultierend auch technisch genutzt werden können, sind Herstellungsmethoden, die eine Kontrolle erlauben hinsichtlich der vier genannten Parameter. Hier ist auf dem Gebiet der Chemie schon seit Jahrzehnten viel Arbeit geleistet worden. Die Kolloid-Chemie (die sich bisweilen heute auch gern als Nanotechnologie verkauft) hat Verfahren entwickelt, mit denen sich etwa Quarzkügelchen mit 20 Nanometern Durchmesser in Massen herstellen lassen. Ebenso können auf chemischem Wege magnetische Eisenoxid-Partikel von zehn Nanometern Größe fabriziert werden, die interessante medizinische Anwendungen haben. Darauf wird anderswo in diesem Buch eingegangen. Die heute käuflichen „Nano-

Beschichtungen", die bewirken, dass etwa das Wasser leichter von der Windschutzscheibe abläuft, basieren auf solchen kolloid-chemischen Ansätzen. Diese beeinflussen die sogenannte Oberflächenenergie des Materials, wodurch entnetzende Eigenschaften der Oberfläche erreicht werden. Im Gegensatz dazu beruht der viel zitierte Lotus-Effekt außer auf den genannten chemischen Effekten zusätzlich auf einer geometrischen Zerklüftung der Oberfläche im Nanometer-Maßstab. Analog dazu hat auch die schon oben erwähnte Polymerchemie heute Techniken etabliert, die es erlauben, per Selbstorganisation sehr regelmäßige, periodische Materialstrukturen auf Oberflächen herzustellen, deren Strukturgrößen einige zig Nanometer betragen. Erreicht wird dies über die sogenannten „Block-Copolymere".

Auch die älteste „Fabrikationsmethode" für Nanopartikel, nämlich die Entstehung von Rauch bei der Verbrennung, wird heute technisch eingesetzt, allerdings unter sehr speziellen und kontrollierten Bedingungen. So können mittels der Flammsynthese, also der Entstehung von Nanopartikeln im Rauch von Flammen, preiswert kleine silberhaltige Partikel hergestellt werden. Sie werden in Kunststoffe eingemischt und verleihen den aus diesen Kunststoffen synthetisch hergestellten Textilien inhärent antibakterielle Eigenschaften. Auf solche Weise hergestellte Berufskleidung kann zum Beispiel in Krankenhäusern helfen, die Übertragung von Infektionen durch das Personal zu vermeiden.

Eine besondere Stellung in der Nanotechnologie nehmen die aus 60 Kohlenstoffatomen (C_{60}) bestehenden, fußballförmigen „Buckyballs" (Buckminster-Fullerene) ein sowie die damit verwandten Nanoröhrchen (Nanotubes). Die „Buckyballs" wurden zu Ehren des amerikanischen Architekten Buckminster Fuller so benannt, der als einer der Ersten erkannte, dass sich eine kugelförmige Geometrie aus einer regelmäßigen Zusammensetzung von Fünf- und Sechsecken aufbauen lässt, wie man das eben vom Fußball her kennt. Teilt man einen Fußball in zwei gleiche Hälften und setzt eine Röhre mit demselben Durchmesser dazwischen, die aber nur aus Sechsecken besteht, erhält man das Modell einer Nanoröhre. Die Kohlenstoff-Nanoröhrchen haben einen Durchmesser von ziemlich genau einem Nanometer und können Tausende von Nanometern lang sein. Sie sind 20-mal fester als guter Stahl, können bei tiefen Temperaturen supraleitend werden, bei Raumtemperatur Halbleiter-Eigenschaften zeigen oder als Additive bestimmten Kunststoffen ganz besondere Eigenschaften verleihen. Bei diesem Tausendsassa unter den Nanopartikeln bestehen deshalb besonders hohe Erwartungen in Bezug auf vielseitige Anwendungen. Das Titelbild dieses Buches zeigt, wie man sich ein Kohlenstoff-Nanoröhrchen vorstellen kann. Aber nicht nur weil die Buckyballs und die Röhrchen sehr definierte Nanopartikel mit ganz herausragenden physikalischen Eigenschaften darstellen, haben sie in der Wissenschaft so viel Furore gemacht, sondern auch, weil es die Chemiker überrascht hat, dass es neben den schon lange bekannten Phasen des Kohlenstoffes (Diamant und Grafit) eine weitere, bei Normalbedingungen stabile Phase gibt. Übrigens hat bereits in den 70er Jahren des letzten Jahrhunderts ein japanischer Forscher theoretisch dargelegt, dass es C_{60}-Moleküle geben müsse, doch waren seine Ergebnisse – da nur auf Japanisch publiziert – in der Fachwelt unbekannt. Entsprechend ging er bei der Verleihung des Nobelpreises für die C_{60}-Entdeckung leer aus.

Wie wird nun C_{60} bzw. wie werden die aus Kohlenstoff bestehenden Nanoröhrchen hergestellt? Auch hier kann wieder die Flammsynthese eingesetzt werden; alternativ können kohlenstoffhaltige Gas-Plasmen benutzt werden. C_{60}-Moleküle entstehen etwa im Lichtbogen der früher in Kino-Projektoren eingesetzten Kohle-Bogenlampen. Der Kohlenstoff dafür kommt nicht aus der Luft, sondern aus den Grafit-Elektroden des Projektors. Es gibt sie also schon lange, nur wusste man das bis in die 80er Jahre des letzten Jahrhunderts nicht. Die Ausbeute bei der Herstellung, also der Anteil der gewünschten C_{60}-Moleküle oder der einwandigen Nanoröhrchen, ist bei den genannten Prozessen nach wie vor nicht sehr hoch. Oft entstehen Ruß oder andere unbrauchbare Nebenprodukte. Deshalb sind diese Nanopartikel immer noch recht teuer.

Auch ohne Nanotechnologie sind die Vorgänge in einem Gas-Plasma für den Forscher außerordentlich interessant. Gas-Plasmen sind leuchtende, teilweise ionisierte Gase, wie man sie in der Natur von Blitzen oder in der Technik von den Leuchtstoffröhren her kennt. Es handelt sich dabei um einen Zustand, den eines ionisierten, leuchtenden Gases, der bisweilen auch als vierter Aggregatzustand (neben fest, flüssig und gasförmig) bezeichnet wird. Es gibt sehr heiße Plasmen, etwa die in einem Lichtbogen oder in einem zukünftigen Fusionskraftwerk, aber auch „kalte" Plasmen, wie sie in Leuchtstoffröhren oder Energiesparlampen vorkommen. Künstlich erzeugte Gas-Plasmen sind weit vom thermischen Gleichgewicht mit ihrer Umgebung entfernt; die unterschiedlich geladenen Teilchen können sogar unterschiedliche Temperaturen (im selben Medium!) annehmen. Deshalb sind unter diesen Bedingungen chemische Reaktionen möglich, die unter Normalbedingungen im Reagenzglas nie freiwillig ablaufen würden. Genau das macht man sich bei der Herstellung gewisser Nanomaterialien – wie eben beispielsweise der so interessanten Kohlenstoff-Nanoröhrchen – zunutze.

Auf die zahlreichen möglichen Anwendungen dieser Winzlinge mit dem enormen Potenzial, die um ein Vielfaches fester sind als der beste Stahl und besser Strom leiten können als Kupfer, kann hier aus Platzgründen nicht eingegangen werden. Die meisten befinden sich noch im Forschungs- oder Entwicklungsstadium. Erste Produkte sind auch schon auf dem Markt, wie etwa Tennis- oder Golfschläger, die Kohlenstoff-Nanoröhrchen enthalten. Ob das Produkt in diesem Fall durch die Röhrchen tatsächlich so viel besser wird oder ob es sich einfach um einen schlauen Werbegag handelt, müssen hier die Benutzer entscheiden. In Zukunft werden wir allerdings von den Kohlenstoff-Nanoröhrchen noch einiges zu erwarten haben. In letzter Zeit sind die Nanoröhrchen deutlich billiger geworden, was der breiteren Anwendung zum Durchbruch verhelfen sollte.

Besonders interessant wäre es nun, könnte man die eben erwähnten Nanoröhrchen nicht nur einfach als Nano-Pulver dem Plasmareaktor entnehmen, sondern sie gleich ganz gezielt nur an bestimmten, vordefinierten Stellen auf einer Oberfläche selbstorganisiert wachsen lassen. Dies gelingt tatsächlich durch einen geeigneten Katalysator, beispielsweise durch Abscheidung winziger Mengen von Eisen auf bestimmten Punkten der Oberfläche, bevor das Wachstum der Röhrchen im Plasmareaktor beginnt. Hier handelt es sich um ein Beispiel für „assistierte Selbstorganisation“. Diese „assistierten“ Verfahren der Selbstorganisation werden voraussichtlich in der Nanofabrikation einmal große Bedeutung erlangen.

Ein Beispiel für eine selbstorganisierend im Plasma-Verfahren hergestellte Nano-Oberfläche sei hier noch erwähnt, welche bereits kommerziell eingesetzt wird: die Oberfläche der Elektrode eines Herzschrittmachers. Für eine optimale Reizübertragung in das empfindliche Nervengewebe des Sinus-Knotens im Herzen bei gleichzeitig größtmöglicher Schonung dieses Gewebes sollte die Fläche der Elektrode möglichst groß sein. Gleichzeitig gibt es dort jedoch nur Platz für einen „Fremdkörper“, der höchstens die Größe eines Stecknadelkopfes haben darf. Man hat das Problem dadurch gelöst, dass mittels eines speziellen Plasma-Verfahrens eine nanostrukturierte, sogenannte „fraktale“ Oberfläche aus Iridium entsteht. So bekommt man bei einem Durchmesser von nur gut einem Millimeter eine effektiv wirksame Oberfläche von vielen Quadratzentimetern – ein Beispiel, das zeigt, dass Nanotechnologie nicht nur etwas in der fernen Zukunft ist, sondern bereits heute real existiert.

Richard Feynman hat nicht nur die heute in der Informationsspeicherung stattfindende Entwicklung vorausgesehen, sondern auch aufgezeigt, dass man – sozusagen im Endstadium der nanotechnischen Entwicklung, wenn man in der Lage sein würde, jedes Atom und jedes Molekül nach Belieben zusammenzusetzen und anzuordnen – auch jede beliebige Materialeigenschaft erzeugen könnte, die von der Physik her überhaupt nur möglich ist. Das könnten sein: extreme Festigkeit, stärkste Magnete oder etwa Supraleiter, die ihre besonderen Eigenschaften bereits bei Raumtemperatur besitzen. Der Chemiker wird hier einwenden, dass die meisten theoretisch denkbaren Kombinationen von Atomen und Molekülen und molekularen Strukturen, die dann Materialien mit außerordentlichen Eigenschaften bilden sollen, von der Thermodynamik her verboten sind. Der Nanotechnologe hat dagegen die Hoffnung, dass er, vielleicht im Plasma-Reaktor unter ganz speziellen Bedingungen, kurzzeitig eben doch solche Moleküle und Strukturen bilden kann. Die Herausforderung würde darin bestehen, diese Nano-Objekte augenblicklich in ihrem Zustand „einzufrieren", so dass sie keine Gelegenheit mehr haben, zu zerfallen oder sich umzulagern und dadurch einen für sie energetisch günstigeren Zustand einzunehmen – was im Normalfall bei chemischen Reaktionen immer passiert. Das ist keine leichte Aufgabe, und es ist schwierig, hier Prognosen für die Fabrikationstechnologien der Zukunft zu wagen.

Wegen dieser Schwierigkeiten hat es in der Nanowissenschaft schon früh Vorschläge gegeben, einzelne Atome und Moleküle mittels der Spitzen von Rastertunnelmikroskopen auf Oberflächen so zusammenzuschieben, dass man auf diese Weise jedes überhaupt nur denkbare Molekül und damit auch jede beliebige Materialeigenschaft synthetisieren kann. Vielleicht ist das irgendwann einmal durchführbar, aber machen wir doch erst eine kleine Rechnung: Ein Mol irgendeines Stoffes enthält immer 6×10^{23} Moleküle – eine unvorstellbar große Zahl und doch gar nicht so viel Material. Ein knapp gefülltes Schnapsglas enthält beispielsweise ein Mol Wasser. Nun bauen wir uns ein Rastertunnelmikroskop, dessen Spitze wir besonders schnell bewegen können (wir wollen ja schließlich produzieren!), so schnell, dass wir 1000 Moleküle pro Sekunde zusammenschieben können. Dann würde die Produktion eines Mols unserer Wunder-Substanz immerhin noch 20.000 Milliarden Jahre dauern – ein Vielfaches des Alters unseres Universums und damit wahrhaftig keine realistische Möglichkeit.

Aus diesem Grund haben Forscher wie E. Drexler diese Ideen schnell wieder verworfen und eine Variante vorgeschlagen: Man setzt nur *einmal* einen winzigen Nanoroboter aus vielleicht einigen tausend Atomen mit der Spitze des Tunnelmikroskops zusammen und konstruiert ihn dabei so, dass er dann von selbst beginnt, Kopien von sich herzustellen, solange ihm geeignete Rohstoffe und Energie zugeführt werden. Da sich die Roboter dann gemäß einer geometrischen Reihe vermehren (2 – 4 – 8 – 16 – 32 – 64 – 128 usw.), dauert es nicht lange, bis sich eine Armee von 10^{23} und mehr Robotern gebildet hat, die dann – bei Zufuhr anderer Rohstoffe – in kurzer Zeit die gewünschten Substanzen, ausgehend von einfachen Molekülen, bottom-up produzieren könnten. Diese Vision hat bislang allerdings eher zu in der Science Fiction-Literatur beschriebenen Horror-Szenarien geführt, als dass man der praktischen Umsetzung in den letzten zwanzig Jahren auch nur einen nennenswerten Schritt näher gekommen wäre.

Von Mottenaugen, Lotusblättern und Geckofüßen[1]

Wilhelm Barthlott, Zdenek Cerman, Jürgen Nieder

Unsere Welt besteht aus Oberflächen. Alles, was wir sehen oder anfassen, sind entweder technische, von Menschen geschaffene, oder biologisch gewachsene und auf natürliche Weise entstandene Oberflächen. Grenzflächen finden wir bei allen Organismen ohne Ausnahme. Aufgrund der Bedeutung der Grenzflächen für die Interaktion mit der Umwelt sind biologische Oberflächen meist komplex aufgebaut. Ihrer Jahrmillionen dauernden Optimierung ist es zu verdanken, dass sie bis heute für die Technik überraschende und zum Teil einfache Lösungen für Probleme bereithalten, die Wissenschaftler jahrzehntelang nicht bewältigen konnten. Beispiele von Oberflächen aus der Natur, die in der Technik nachgeahmt wurden, gibt es viele. Im Folgenden werden drei Beispiele ausführlicher behandelt, bei denen Strukturen im Nanobereich eine entscheidende Rolle spielen. Erstens die Oberflächen von „Mottenaugen" („Motten" sind nachtaktive Schmetterlinge), mit deren Hilfe Probleme bei optischen Linsen gelöst und die Effizienz von Solarzellen erhöht werden konnte. Zweitens Pflanzenoberflächen, die nach einem Regen absolut sauber erscheinen und damit in der Technik geholfen haben, den

[1] Dieses Kapitel wurde auf der Grundlage ausgewählter und leicht bearbeiteter Textstellen aus dem Buch: Zdenek Cerman / Wilhelm Barthlott / Jürgen Nieder, Erfindungen der Natur – Was wir von Pflanzen und Tieren lernen können. Copyright © 2005 by Rowohlt Verlag GmbH, Reinbek bei Hamburg, mit freundlicher Genehmigung des Verlages und mit Zustimmung der Autoren durch die Herausgeberin zusammengestellt.

Reinigungsaufwand in unserem Alltag zu reduzieren. Drittens trockene „Kleber“ nach dem Vorbild der Oberflächen von Spinnen und Geckos.

Reflexion (oder das Zurückwerfen von Licht) entsteht, wenn Lichtstrahlen auf eine Grenzfläche zwischen zwei unterschiedlichen Medien treffen. Je nach optischer Dichte der Medien (Brechzahl) wird dabei mehr oder weniger Licht zurückgeworfen. Ab einem bestimmten Winkel findet je nach Medium eine Totalreflexion statt: Die Lichtstrahlen dringen nicht mehr in das Medium ein, sondern werden vollständig zurückgeworfen. Da Glas ein optisch dichteres Medium als Luft darstellt, findet auch hier eine Reflexion statt. Beim Auftreffen auf Glas wird der größte Anteil der Strahlung durchgelassen, ein Teil aber reflektiert und ein weiterer, sehr kleiner Anteil absorbiert (also „geschluckt“). Die Absorption ist bei Glas sehr gering, deshalb wollen wir sie außer Acht lassen. Der reflektierte Anteil reduziert die durchgelassene Lichtstrahlung, wobei das Verhältnis zwischen reflektierter und durchgelassener Strahlung Reflexionsgrad genannt wird. Je geringer der Reflexionsgrad, desto mehr Licht wird durchgelassen. Solarpaneele sollen möglichst alle Lichtstrahlen durchlassen, also möglichst wenig Licht reflektieren. Auf diese Weise wird die Effizienz bei der Stromerzeugung mit Solarzellen immer weiter maximiert. Wie nutzen nun nachtaktive Schmetterlinge diese physikalischen Gesetzmäßigkeiten?

Nachtaktive Schmetterlinge scheuen zwar das Licht, sind zur Orientierung aber dennoch auf ein wenig „Restlicht“ angewiesen. Sie haben Augen entwickelt, die selbst geringste Lichtmengen noch wahrnehmen können. Ihre Facettenaugen (Komplexaugen) sind wie bei allen Insekten in viele kleine sechseckige Einzelaugen (Ommatidien) unterteilt. Die Besonderheit der nachtaktiven Schmetterlinge tritt jedoch erst bei einer weiteren Vergrößerung der Ommatidien zu Tage. Jedes einzelne Auge ist nämlich mit vielen winzigen Säulen oder Stäbchen übersät. Der

Durchmesser eines solchen Stäbchens liegt unterhalb der Wellenlänge des sichtbaren Lichts, und auch der Abstand zwischen den einzelnen Stäbchen ist kleiner als die Wellenlänge. Diese Strukturen ermöglichen es, dass nahezu alles einfallende Licht durchgelassen und so gut wie kein Licht reflektiert wird. Gleichzeitig schützt die unterdrückte Reflexion die Motten vor Räubern, die das reflektierte Licht in den Augen der Schmetterlinge entdecken könnten. Die Stäbchen liegen in einem Abstand von 250 Nanometern nebeneinander und reichen 200 Nanometer in die Tiefe. Diese Geometrie ist verantwortlich für die starke Verringerung der Reflexion. Es gibt verschiedene Möglichkeiten, um zu erklären, wie die Strukturen diesen Effekt hervorrufen. Die einfachste, wenn auch physikalisch nicht ganz korrekte ist, dass der Übergang zwischen dem optisch dichteren Medium (Auge) und der umgebenden Luft allmählich erfolgt. Der Umfang der Stäbchen nimmt zur Basis hin wie bei einer Pyramide langsam zu. Da das Material (Stäbchen) dadurch sozusagen allmählich mit der Luft gemischt wird, erzielt man einen kontinuierlichen Anstieg der optischen Dichte.

Inzwischen ist es Wissenschaftlern gelungen, „Mottenaugen" technisch herzustellen. Namhafte Firmen nutzen diese Technologie, um transparente Abdeckungen im Automobil oder auch Linsen von Tageslichtprojektoren zu entspiegeln. Der Wirkungsgrad von Solarzellen lässt sich spürbar erhöhen, wenn Mottenaugenstrukturen eingesetzt werden. Die Reflexion einer herkömmlichen Glasscheibe beträgt immerhin 8 %, mit den biologischen Glasscheiben lässt sich jedoch eine Reflexion von nur noch 1 % erzielen! Schon heute beträgt der Umsatz mit mikroreplizierten Oberflächen mehrere Milliarden Euro. Auch aufgrund der Entwicklungen im Displaybereich sind diese Technologien immer mehr gefragt. So haben also kleine, nachtaktive Schmetterlinge dazu beigetragen, die Solarzellen als Energielieferant der Zukunft einen Schritt voranzubringen.

***

Geistige Reinheit ist eine der zentralen Lehren des Buddhismus. Durch Konzentration und Meditation soll der Geist vom weltlichen „Schmutz“ befreit werden. Es ist wahrlich nicht verwunderlich, dass in den buddhistischen Schriften gerade die Lotuspflanze als ein Symbol für Reinheit fest verankert ist, denn sie scheint die Reinheit regelrecht zu verkörpern. In Asien ist *Nelumbo nucifera*, so der wissenschaftliche Name, weit verbreitet.

Es erscheint wie ein Wunder, wenn man die Lotusblätter dabei beobachtet, wie sie aus dem klebrigen Uferschlamm von Gewässern emporwachsen. Wie spitze Lanzen durchstechen sie Schlamm und Wasseroberfläche und streben in nur wenigen Tagen gen Himmel. Manchmal ragen sie bis zu einem Meter aus dem See, bevor sie ihre großen, schildförmigen Blätter entfalten. Und als ob sie nie mit Schmutz in Berührung gekommen wären, rollen sich die samtig schimmernden Blätter vollkommen sauber auf. Dabei ist die Reinheit, ganz im Gegensatz zu manch anderer Pflanze in unserem heimischen Garten, nicht von kurzer Dauer. Während junge Blätter vieler heimischer Arten schon nach wenigen Tagen schmutzig werden, bleiben die Lotusblätter stets sauber.

Bereits früh wurde aufgrund der Ergebnisse aus der Lichtmikroskopie vermutet, dass biologische Oberflächen selten glatt sind. Doch die Rasterelektronenmikroskopie offenbarte den Biologen eine schier unerschöpfliche und unvorstellbare Vielfalt komplexer Strukturen.

Multifunktionalität ist eine charakteristische Eigenschaft von biologischen Grenzflächen, und sie erklärt auch die teilweise hohe Komplexität der Oberflächen. Besonders die unbeweglichen Pflanzen mussten in Jahrmillionen ihre Oberflächen an die unterschiedlichsten Funktionen anpassen. Hieraus ergaben sich vielfältige Strukturvariationen. Haare, Dornen, Schuppen, Widerhaken, Blasen, Röhrchen, Platten, Borsten, Wellen, Rillen – es gibt kaum eine Struktur, die man nicht findet.

Diese ungeheure Strukturvielfalt ist nur dadurch möglich, dass die äußerste Zellschicht der Pflanzen, die Epidermis, viele Variationsmöglichkeiten erlaubt. Die Epidermis schließt mit Ausnahme der Wurzeln mit einer dünnen Außenwand, der Cuticula, ab. Diese besteht aus Cutin, einem biologischen Polymer, dessen evolutive Entwicklung wahrscheinlich den Schlüssel für die Besiedlung des Landes in der frühen Vorzeit bedeutete. Ohne eine Cuticula würde das lebensnotwendige Wasser unkontrolliert verdunsten, und die Pflanzen würden austrocknen. Weiter nach innen haftet die Cuticula durch eine Art Klebstoff, das Pektin, an der Zellwand. Die Zellwand selbst besteht wiederum aus einem komplizierten Zucker-Polymergerüst und schließt mit der angrenzenden Plasmamembran zur lebenden Zelle ab.

Eine besonders interessante Methode der Strukturierung, die man bei Pflanzen häufig antrifft, ist die Auflagerung von Material auf der Cuticula. In das Polymergerüst der Cuticula sind dabei Gemische unterschiedlichster Lipide eingelagert, die allgemein als „Wachse“ bezeichnet werden. Diese imprägnieren die Cuticula und machen sie fast vollständig wasserundurchlässig. Einige Lipide gelangen bis zur Oberfläche und bilden dort hochkomplexe dreidimensionale Strukturen, von denen selbst die moderne Nanotechnologie bislang nur träumen kann. Die sich auf der Oberfläche befindenden Lipide werden „epicuticulare Wachse“ genannt. Diese setzen sich meist aus einer Mischung verschiedener chemischer Komponenten zusammen, hauptsächlich aus langkettigen Kohlenwasserstoffen und sekundären Alkoholen, aber auch aus zyklischen Verbindungen wie Ketonen. Die epicuticularen Wachse verändern maßgeblich die Eigenschaften der Oberflächen und haben, wie wir noch sehen werden, zu einem radikalen Umdenken in den Materialwissenschaften geführt.

Als zu Beginn der 1970er Jahre die intensive Erforschung dieser Wachse begann, interessierte man sich hauptsächlich für ihre chemische Zusammensetzung und ihre Synthese. Die Wachse liegen außen auf der Cuticula. Das lässt sich leicht erkennen, wenn man etwa mit dem Finger über eine Weintraube streicht: Die Wachsschicht lässt sich leicht entfernen. Doch wie gelangen die Wachse durch die Zellwand eigentlich nach außen? Und wie bilden sie die auffälligen und komplizierten Strukturen?

Lange Zeit suchten Wissenschaftler weltweit nach Poren oder Kanälen, spezifischen Transportproteinen und anderen Mechanismen zum Transport der Wasser abstoßenden Lipide aus dem Zellinneren an die Oberfläche. An unserem Institut konnten wir zeigen, dass die Wachse in einem Kotransport mit Wasser auf die Oberflächen gelangen. Ständig verdunsten kleine Mengen Wasser über die Cuticula. Bei diesem Verdunstungsprozess werden Wachsmoleküle mit an die Oberfläche gerissen und dort abgelagert. Sind sie an der Oberfläche angelangt, finden dort faszinierende Prozesse statt. Die Wachse bilden zunächst geschlossene Schichten, in denen die Moleküle geordnet in Reihen nebeneinander stehen. Wie auf einen magischen Befehl hin beginnen sie an einigen Stellen in die Höhe zu wachsen. Dabei bilden die Wachse hochkomplexe dreidimensionale Strukturen aus: Röhrchen, Schuppen, quer geriefte Stäbchen, dreikantige Stäbchen, Fäden und vieles mehr. Ihre Größe variiert vom Nanometer- bis in den Mikrometerbereich hinein. Die meisten sind zwischen 200 Nanometer und zwei Mikrometer groß. Lange Zeit wusste man nicht, wie diese Strukturen zustande kommen. Erst als gezeigt werden konnte, dass es sich um organische Kristalle handelt, die durch Selbstorganisation entstehen, war die Herkunft der Strukturen geklärt. Tatsächlich ist hauptsächlich die chemische Zusammensetzung der Wachse für die komplexe Form der Kristalle verantwortlich. Dieses Ergebnis eröffnete den Wissenschaftlern einige interessante Anregungen für technische Umsetzungen. So können solche Selbstorganisationsprozesse beispielsweise technisch genutzt werden, um Oberflächen nach Wunsch mit bestimmten Eigenschaften auszustatten.

Eine der erstaunlichsten Eigenschaften von Oberflächen mit Wachskristallen lässt sich bei vielen Gräsern, bei den Blättern verschiedener Kohlarten (zum Beispiel Broccoli oder Kohlrabi) oder bei der Kapuzinerkresse (*Tropaeolum majus*) im heimischen Garten beobachten. Die Blätter sind extrem unbenetzbar. Wassertropfen zerlaufen nicht wie auf einer Glasscheibe, sondern perlen ab und bilden auf den Oberflächen nahezu perfekte Kugeln. Von solchen extrem unbenetzbaren Oberflächen rollen Tropfen bei der geringsten Neigung ab. Beim Lotus reicht bereits ein Neigungswinkel von unter einem Grad aus, damit sich die Tropfen nicht mehr auf der Blattoberfläche halten können. Sie erreichen dabei schon nach einer kurzen Beschleunigungsphase die gleiche Geschwindigkeit von drei bis vier Metern pro Sekunde wie ein frei fallender Regentropfen, der nur durch die Luftreibung gebremst wird. Eigentlich sollte der Tropfen durch die Reibung an der Oberfläche gebremst werden. Diese ist jedoch derart gering, dass sie sich kaum mehr auswirkt. Und das ist nicht das einzige scheinbar widersprüchliche Phänomen. So konnten französische Festkörperphysiker zeigen, dass die Tropfen nur anfänglich rollen, jedoch schon nach kurzer Zeit zu rutschen beginnen, da dies energetisch günstiger ist.

Die extreme Unbenetzbarkeit, auch Superhydrophobie genannt, findet sich in bislang unübertroffener Perfektion bei der Lotuspflanze. (Hydrophobie nennt man die Eigenschaft von Materialien, Wasser abzustoßen.) Das Geheimnis dieser extremen Unbenetzbarkeit liegt in der Struktur der Oberflächen, kombiniert mit der Wasser abstoßenden Chemie der Wachse und der hohen Oberflächenspannung des Wassers.

Auf der Erde sehen wir Wassertropfen nur selten kugelrund, vielmehr verteilen sie sich auf Oberflächen und benetzen diese unterschiedlich stark. Wie also ist es möglich, dass auf einigen Pflanzen Wassertropfen dennoch kugelrund stehen bleiben? Die Grenzfläche zum Gas hin ist energetisch ungünstiger als eine Grenzfläche zum Festkörper hin. Deshalb verringert Wasser gerne seine Wasser-Gas-Grenzfläche zugunsten einer Wasser-Festkörper-Grenzfläche. Je besser der Festkörper benetzbar ist, desto stärker zerläuft der Tropfen auf der Oberfläche. Auf einer schlecht benetzbaren Oberfläche, zum Beispiel Teflon®, zerläuft der Tropfen nicht, sondern bleibt halbkugelrund auf der Oberfläche stehen.

Superhydrophobe pflanzliche Oberflächen, wie die von Lotusblättern, besitzen als Wasser abstoßende Struktur Wachskristalle. Diese ragen aus der Oberfläche heraus und halten das Wasser auf Abstand zur Oberfläche. Vereinfacht kann man sich die Oberfläche wie eine Bürste vorstellen, auf der ein Stück feiner Stoff liegt. Dieser wird von den nach oben gerichteten Borsten auf Distanz gehalten. Zwischen den Borsten sinkt der Stoff zwar ein wenig ein, erreicht den Borstengrund dabei jedoch nicht. Ähnlich verhält es sich mit dem Wasser auf den Wachskristallen. Die Oberflächenspannung des Wassers verhindert, dass es in die Zwischenräume der Kristalle gelangt. In den Zwischenräumen verbleibt Luft, so dass die Grenzfläche des Blattes aus einer Mischung von wenigen Festkörperanteilen (Spitzen der Wachskristalle) und viel Luft (Zwischenräume) besteht. Der Grund für die nahezu perfekten, kugelrunden Tropfen liegt also darin, dass der Tropfen so gut wie frei schwebend fast nur von Luft umhüllt ist. Die benetzten Festkörperanteile sind dabei derart gering, dass sie sich kaum auf die Tropfenform auswirken. Nicht zu vernachlässigen ist jedoch die Schwerkraft, die sich selbstverständlich auch auf die Tropfenform auswirkt. Nur sehr kleine Tropfen bleiben kugelrund, je größer sie sind, desto stärker werden sie abgeflacht. Dies ändert aber nichts an der extremen Unbenetzbarkeit der Oberflächen.

Die Superhydrophobie entsteht also aus dem Zusammenspiel von Wasser abstoßender Chemie, Struktur der Oberfläche sowie der Oberflächenspannung der benetzenden Flüssigkeit. Obwohl diese Erkenntnis bereits seit den 1950er Jahren besteht, blieb eine weitere Eigenschaft superhydrophober Oberflächen bis in die späten 1970er Jahre unerkannt.

In den 1970er Jahren untersuchten wir am Botanischen Institut die epicuticularen Wachse zunächst mit dem Ziel, Hinweise für die Verwandtschaftsbeziehungen von Pflanzen zu finden. Mit Erfolg: Verschiedene Wachstypen lassen sich bestimmten Pflanzengruppen zuordnen. Sicherlich für die Botaniker eine interessante Neuigkeit, jedoch nicht mehr als eines der vielen Ergebnisse der Grundlagenforschung, deren Nutzen auf den ersten Blick unbedeutend erscheint. Aber eben diese zweckfreie Sichtweise offenbarte durch Zufall eine der interessantesten Eigenschaften der wachsstrukturierten Oberflächen.

Die ersten Experimente, hauptsächlich an den Blättern der Kapuzinerkresse, fanden mit Verschmutzungen wie Lehm statt. Lehm ist aber mit Wasser gut abwaschbar und lässt sich von nahezu allen Oberflächen relativ leicht entfernen. Zu unserer großen Überraschung wurde jedoch selbst Industrieruß mühelos abgewaschen. Dabei ist dieser nicht wasserlöslich.

Daraufhin wurde ein weiteres, noch stärkeres „Kontaminans" (= Verschmutzungsmittel) ausprobiert, der Farbstoff Sudanrot. Dieses Pulver ist für seine Hartnäckigkeit bekannt und lässt sich selbst mit Seife und Bürste kaum entfernen. Sudanrot ist fettliebend und wird zum Beispiel in der Kriminalistik eingesetzt, um Geldscheine anzufärben. Bankräubern oder Erpressern haftet das Pulver noch viele Wochen später an den Fingern, wodurch sie leichter überführt werden können.

Bis vor wenigen Jahren hätte kein Materialwissenschaftler erwartet, dass dieses Pulver von Lotusblättern abgewaschen werden könnte. Schließlich sind die Wachse chemisch gesehen nichts anderes als Fette, und das fettliebende Pulver sollte hervorragend an der strukturierten Oberfläche anhaften. Auf keinen Fall konnte davon ausgegangen werden, dass sich das Pulver allein mit Wasser von der Oberfläche abspülen ließe. Zu unserer großen Verwunderung war schon nach einem kurzen Regenschauer aus der Gießkanne auf der Oberfläche der Lotusblätter nichts mehr von dem Sudanpulver zu finden. Wie war dies möglich? Selbst renommierte Physiker lehnten die Publikation dieses Experiments mit den Worten ab: "Diese ‚Beobachtung' existiert nur in der Fantasie der Autoren."

Damals glaubten wir, ein für die Biologie neues Phänomen entdeckt zu haben. An eine technische Verwertung der Ergebnisse war zu dieser Zeit nicht zu denken. Selbst großen Konzernen mit Forschungsabteilungen, die sich ausschließlich mit Oberflächen und deren Reinigung beschäftigten, war dieses Phänomen unbekannt. Nie hätten wir erwartet, dass diese Entdeckung einige Jahre später zu einem kompletten Umdenken in den Materialwissenschaften führen würde. Das bis dato herrschende Motto der Industrie „Glatt ist gleich sauber" wurde nun durch „Rau ist gleich rein" ersetzt.

In der Pflanzenwelt haben sich unterschiedlichste Methoden zur Abwehr von Krankheitserregern entwickelt. Die meisten Pflanzen bekämpfen Mikroorganismen chemisch über eine große Auswahl an sekundären Pflanzenstoffen. Einige davon haben eine ausgewiesen biozide Wirkung. Andere Pflanzen wiederum setzen auf eine Materialschlacht. Sie verdicken ihr Abschlussgewebe, vor allem die Cuticula, derart, dass Pilze mit ihren Keimschläuchen nicht hindurchdringen können. Eine besonders interessante Methode ist die offenbar gewollte und beabsichtigte Kultur bestimmter nützlicher Mikroorganismen auf den Oberflächen, welche die Abwehr von schädigenden Organismen übernehmen.

Doch mit zu den effektivsten Abwehrstrategien gehört wohl die Selbstreinigung. Da die Oberflächen aufgrund ihrer Unbenetzbarkeit trocken sind, finden Mikroorganismen auf ihnen kein lebensnotwendiges Wasser. Eine durch die Luft transportierte Pilzspore kann nach der Landung auf der superhydrophoben Oberfläche ohne Wasser nicht keimen und ist zum Ausharren gezwungen. Gelangt nun Wasser in Form von Regen, Tau oder Nebel auf die Oberflächen, steht es der Spore nicht für die Keimung zur Verfügung. Sofort bei Berührung mit dem Wassertropfen wird sie unweigerlich in diesen hineingezogen. Rollt der Tropfen von der Oberfläche ab, wird die Spore mit dem Tropfen entfernt. Dabei spielt es keine Rolle, ob die Spore gut wie Lehm oder schlecht wie Sudanrot benetzbar ist. Diese Besonderheit, dass die Chemie der Verschmutzungen für die Reinigung der Oberflächen keine Bedeutung hat, ist wieder auf die Struktur der Oberflächen zurückzuführen. Man kann sich eine Spore oder andere Verschmutzungen auf den mikro- und nanostrukturierten Oberflächen wie einen Fakir auf seinem Nagelbrett vorstellen. Der Schmutz liegt nur auf den Spitzen der Wachskristalle und hat dadurch eine extrem verringerte Kontaktfläche zur pflanzlichen Oberfläche. Nur an den winzigen Kontaktstellen können Haftkräfte zwischen Schmutz und Oberfläche wirken. Da bei den meisten superhydrophoben Pflanzen diese Kontaktfläche wahrscheinlich auf unter 1 % reduziert ist (es ist sehr kompliziert, die Fläche exakt zu bestimmen), spielen die Anziehungskräfte zwischen den Wachsen und den Kontaminanzien kaum eine Rolle. Die Wechselwirkungen zwischen der Tropfenoberfläche und den Kontaminanzien sind um ein Vielfaches stärker. Obwohl die Wasser abstoßenden Schmutzteilchen (wie Sudanrot) oder die hydrophoben Sporen Wasser eigentlich nicht „mögen", haben sie im Resultat mehr Anziehung zum Wasser als zu der ebenfalls hydrophoben Oberfläche und werden mit abgewaschen.

Das Geheimnis der Selbstreinigung und damit auch der Ursprung der Verehrung von Lotuspflanzen als heilig liegt in der Struktur und Chemie der Oberfläche. Obwohl schon Tausende von Jahren bekannt, wurde das Prinzip erst jetzt entdeckt und entschlüsselt.

Das europäische Patent für die technische Umsetzung des Prinzips der Selbstreinigung wurde 1997 erteilt. Inzwischen besteht in vielen weiteren Ländern ein Patentschutz. Da die Bezeichnung „superhydrophobe selbstreinigende mikro- bis nanostrukturierte Oberflächen" recht umständlich klingt, führten wir im Umfeld der Patentanmeldung gleich eine Markenanmeldung durch: Die von uns entdeckten und bionisch umgesetzten Oberflächen werden mit dem Namen „Lotus-Effect®" gekennzeichnet und damit gegenüber anderen Produkten kontrastiert. Die Markenbezeichnung entwickelte sich derart erfolgreich, dass sie fälschlicherweise häufig zur Beschreibung der selbstreinigenden Materialien verwendet wird. Der „Lotus-Effekt" ist aber nicht die Eigenschaft der Oberflächen, sondern die Selbstreinigung selbst. Erst die Patente und unsere selbstentwickelten Prototypen weckten schließlich auch das Interesse der Industrie. Allmählich erkannten Materialwissenschaftler das enorme Potenzial dieser Innovation. Entsprechend schnell wurden unsere Arbeiten bekannt, auch unterstützt durch ein großes Medieninteresse.

Die Anwendungsbereiche für Oberflächen mit selbstreinigenden Eigenschaften liegen bei Fassaden, Dächern, Gläsern, Kunststoffen, Textilien, Metallen, Lacken und vielem mehr. Das erste Produkt, die Fassadenfarbe „Lotusan®", ist bis heute ein Renner unter den Fassadenbeschichtungen. Nicht nur in Mitteleuropa, sondern auf der ganzen Welt gibt es mittlerweile rund 400.000 Gebäude mit selbstreinigenden „Lotus"-Oberflächen nach dem Vorbild der Natur.

Die Zusammenarbeit mit den Industriepartnern brachte weitere Anwendungsfelder hervor. Noch ist kein Ende der Entwicklungen abzusehen.

Selbstreinigende Oberflächen werden in Zukunft möglicherweise auch den Einsatz von Bioziden überflüssig machen. Derzeit wird geprüft, inwieweit bei technischen selbstreinigenden Oberflächen auch ein automatischer Schutz vor Besiedlung mit Mikroorganismen vorhanden ist. Sollte dies der Fall sein, könnte man bei Fassadenfarben, Holzschutzlacken und anderen Baustoffen bald gänzlich auf die bisher üblichen öko- und humantoxischen Stoffe verzichten, was zu einer weiteren wichtigen Entlastung der Umwelt führen würde. Die Natur mit ihren selbstreinigenden Oberflächen hat der Technik einen Weg gezeigt, viele alltägliche Probleme zu lösen. Die bionische Anwendung erlaubt uns eine nachhaltige Weiterentwicklung. Weniger Wasser zur Reinigung, ein geringerer Energieaufwand, keine umweltbelastenden Tenside, möglicherweise auch der Verzicht auf toxische Biozide sind nur einige Vorteile, die uns die mikroskopischen Veränderungen an den Oberflächen bieten. Die Natur selbst zeigt uns die Möglichkeiten auf, wie die Technik auch zum Wohle der Natur arbeiten kann.

***

Seit rund 300 Jahren stellen sich Wissenschaftler die Frage: Wie haften Insekten, Spinnen, Käfer oder Geckos an der Decke? Die dazu notwendigen Strukturen dienen dabei nicht nur der Anheftung an einen bestimmten Untergrund, sondern können vielgestaltig eingesetzt werden. Einige Insekten verankern beispielsweise ihre Flügel am Körper oder halten ihren Geschlechtspartner nach dem Schlüssel-Schloss-Prinzip fest. Die Fülle der Beispiele von Haftstrukturen aus dem Insektenreich würde mindestens ein ganzes Buch erfordern, deshalb wird im Folgenden lediglich das geheimnisvolle „Kleben" der Insekten, Spinnen und Geckos an nahezu jedem Untergrund behandelt. Die Analyse dieser Systeme wird schon in naher Zukunft zu neuen innovativen Produkten führen. Tesastreifen, die auf jedem Untergrund haften und gleichzeitig immer wieder neu verwendet werden können, ohne dass ihre Haftkraft nachlässt, sind durchaus keine Träumerei mehr, sondern Gegenstand der aktuellen Forschung bei internationalen Firmen.

Die Haftkräfte, die an den Füßen mancher Tiere erzeugt werden, sind außerordentlich. Ein ausgewachsener Gecko von bis zu 40 Zentimeter Länge und einem Gewicht von über 100 Gramm zum Beispiel ist in der Lage, selbst mit einem einzigen Zeh noch an der Wand zu hängen, ohne abzurutschen. Die Haftzeher, wie der passende Name der Tierfamilie andeutet, bauen unglaubliche Haftkräfte an ihren mit feinsten Härchen übersäten Füßen auf. Basierend auf Messungen der Haftung von einzelnen Kontaktelementen des Fußes wurde eine Kraft pro Fuß errechnet, die 100 Newton entspricht. Das bedeutet: Ein gefüllter Wassereimer könnte an einem Fuß aufgehängt werden. Auf den Menschen übertragen müsste ein Kletterer an einer einzigen Hand hängend circa fünf Mittelklassewagen halten können. In Wirklichkeit sind die tatsächlichen Kräfte, mit denen der Gecko haftet, jedoch geringer. Dennoch bleibt die Frage offen, wie die Tiere diese Leistung überhaupt erbringen können.

Die bereits mit dem bloßen Auge sichtbaren Lamellen, die in gewellten Reihen die Unterseite der Zehen des Geckos überziehen, bestehen aus unzähligen feinen Härchen oder Haftborsten, auch Setae genannt. Beim Tockee (*Gekko gecko*) finden sich alleine 500.000 solcher Borsten auf einem Fuß, rund 5000 pro Quadratmillimeter. Jede Seta ist zur Spitze hin noch weiter in einzelne feine sog. Spatulae verzweigt. Der Durchmesser dieser Strukturen liegt im Bereich von 200–500 Nanometer, und da teilweise Hunderte dieser feinen Spatulae auf jeder Seta vorliegen, beträgt die Anzahl der Haft-Strukturhärchen auf einem Geckofuß einige Millionen.

Auch die haftenden „Füße“ anderer Tiergruppen sind ähnlich komplex aufgebaut. Neben Krallen und Saugnäpfen finden sich auch bei Käfern, Bienen und Fliegen feinste Härchen, die zur Haftung eingesetzt werden, aber ihre Anzahl pro Fläche ist geringer. Bei kleinen Fliegen findet sich gerade mal eine Seta auf 1000 Quadratmikrometern, bei Käfern sind es auf der gleichen Fläche bereits einige Dutzend. Spinnen besitzen bis zu 1000 Setae pro 1000 Quadratmikrometer. Die Dichte der Haare wirkt sich direkt auf die Hafteigenschaften der Tiere aus.

Während für einige Insekten wie für Fliegen und Käfer gezeigt werden konnte, dass auch Sekrete zur Adhäsion eingesetzt werden, scheinen Spinnen und Geckos „trocken“ an Oberflächen anzuhaften. Die erstaunliche Eigenschaft der Insekten,

Spinnen und Geckos, an jeder Oberfläche zu haften, beruht auf verschiedenen Mechanismen. Auf groben und rauen Oberflächen nutzen die meisten Tiere Krallen, ähnlich wie eine Katze, die Bäume hochklettert. Gleichzeitig verfügen die Tiere jedoch über sehr weiche „Füße“, die in der Lage sind, sich den kleinsten Oberflächenstrukturen selbst im Mikro- und Nanometerbereich anzupassen. Diese weichen Haftstrukturen können wie bei Geckos und Spinnen aus einzelnen Härchen oder auch aus Polstern aufgebaut sein, wie sie vorwiegend bei Schaben, Heuschrecken und Bienen zu finden sind. Bei den Insekten kommen ebenfalls beide Haftstrukturvarianten vor, manchmal sogar in Kombination.

Es ließ sich unabhängig vom Haftprinzip zeigen, dass mit der Größe oder besser dem Gewicht der Tiere die Anzahl der einzelnen Haftborsten pro Fläche steigt. Während die leichten Fliegen und Käfer, die gerade mal ein Gramm erreichen, wenige Setae besitzen, steigt die Anzahl bei den bis zu zehn Gramm wiegenden Spinnen an. Geckos, die ein Gewicht bis über 100 Gramm erreichen können, weisen durch die mehrfache Verzweigung ihrer Setae und einen Durchmesser der terminalen Strukturen von wenigen hundert Nanometern die größte Dichte auf.

Da keine Sekrete nachgewiesen werden konnten, beruht ihre Haftkraft offenbar hauptsächlich auf der schwächsten der möglichen molekularen Wechselwirkungen, der Van-der-Waals-Kraft. Diese gegenseitigen Anziehungskräfte wirken nur zwischen Partnern, die hinreichend nahe beieinander liegen: Gerade mal ein Nanometer Abstand darf zwischen den Haftpartnern liegen. In diese Lücke würden nicht einmal 20 Sauerstoffatome hinein passen. Üblicherweise ermöglicht die Geometrie der Oberflächen nur an sehr wenigen Stellen eine solche Nähe, im Normalfall spielen diese Kräfte deshalb keine Rolle. Da aber die Spitzen der Hafthärchen der Geckos winzig klein und gleichzeitig flexibel sind, erreichen die meisten genügend Nähe zur Oberfläche. Die Van-der-Waals-Wechselwirkung wird so zur dominierenden Kraft, die sich durch Millionen Kontakte zu einer riesigen Haftkraft des Tieres addiert.

Diese Erkenntnis wurde von amerikanischen Forschern zuerst publiziert und sorgte 2000 für weltweites Aufsehen. Drei Jahre später folgten Forscher aus England (Manchester) und Russland mit einer Publikation in der renommierten Zeitschrift *Nature Materials* mit einem ersten Klebeband nach dem Vorbild der Geckohaare. Winzige Polyamid-Säulen mit einer Höhe von 0,15–2 Mikrometer und einem mittleren Abstand von 0,4–4,5 Mikrometer, die in einem aufwändigen Prozess auf einer kleinen Fläche hergestellt wurden, konnten bereits Haftkräfte erzeugen, die eine 40 Gramm schwere Spiderman-Puppe an der Decke haften ließen.

Inzwischen arbeiten weltweit Forscher mit verschiedensten Materialien und Methoden an der Realisierung der trockenen Haftung. Aktuelle Nachrichten, dass die Geckofüße nicht verschmutzen, da Schmutzpartikel energetisch günstiger an den Wänden als an den einzelnen Setae haften, lassen hoffen, einmal Klebestreifen konstruieren zu können, die ohne Verschmutzung immer wieder verwendet werden können.

Der Vision des Menschen, er könne sich bald Geckohandschuhe und -schuhe anziehen und mit ihnen auf jeder Oberfläche mühelos hochklettern, muss man aber für heute noch widersprechen. Die Dichte der Härchen wächst mit dem Gewicht. Für den Menschen müssten die Strukturen noch feiner, wahrscheinlich vier Nanometer im Durchmesser, sein, damit sie unser Gewicht nach dem gleichen Prinzip tragen könnten. Trotzdem bleiben die möglichen Anwendungen höchst interessant.

Die Forscher erreichen zwar mit den inzwischen hergestellten bionischen Strukturen ähnliche Kräfte, wie sie an einem einzelnen Haar eines Geckos gemessen wurden, aber sie können ein banales Problem bislang nicht lösen: Die bionischen Strukturen haften genauso gerne auch an sich selbst. Die technischen Haare bilden Bündel, so dass für die Adhäsion an der

Oberfläche weniger Strukturen zur Verfügung stehen. Obwohl der Gecko viel dichter stehende Härchen besitzt, hat er anscheinend eine Lösung des Problems gefunden, die den Materialwissenschaftlern noch verborgen ist.

Wir wissen heute, dass die Natur eine bis dato unerreichte Hochtechnologie darstellt, die dank ihrer gut ausbalancierten Nachhaltigkeit eine Entwicklung über 3,5 Jahrmilliarden ermöglicht hat. Mit modernsten Methoden erkennen wir zunehmend das Potenzial der biologischen „Erfindungen" für unsere Technik. Eine ökologisch verträglichere Technologie, die den Fortschritt nicht auf Kosten der Natur sucht, scheint in Zukunft möglich.

Nachhaltige Energie

Helmut Tributsch

Wir gehen täglich an ihnen vorbei, an diesen Naturwundern der Nanotechnologie. Sie können etwas, was die Menschen bisher noch nicht gelernt haben, nämlich Wasser allein durch die Energie, die bei dessen Verdunstung umgesetzt wird, 100 Meter hochzuziehen. So hoch werden ja gewisse Bäume, zum Beispiel Mammutbäume in Kalifornien oder Eukalyptusbäume in Australien. Sie haben neben der Fotosynthese ein Energiesystem entwickelt, das es ihnen ermöglicht, Wasser aus trockenen Böden zu ziehen und in den dünnen Wasserleitungen der sogenannten Xylem-Struktur die Stämme hinauf bis in die Blätter zu transportieren, wo es dann durch Sonneneinwirkung verdunstet und in die Atmosphäre übergeht. Aber wie können Bäume Wasser ziehen und damit Energie umwandeln? Normalerweise besitzt doch das Wasser die Eigenschaften, die dafür nötig sind, gar nicht. Selbst mit Wasserpumpen, die ein Vakuum erzeugen, also eine Atmosphäre Unterdruck, kann man Wasser nur etwa zehn Meter hochpumpen. Und dabei steigt es nur deshalb hoch, weil auf der Gegenseite der Atmosphärendruck das Wasser nachschiebt. In den hohen Bäumen oder in Wüstensträuchern, die große Energien brauchen, um dem Boden Feuchtigkeit zu entziehen, entstehen aber Unterdrucke von 30–40 Atmosphären, durch die Wasser hochgezogen wird (und die von Wissenschaftlern auch mit raffinierten Methoden nachgemessen wurden). Und Wasser wird durch die Verdunstungswirkung der Sonneneinstrahlung in den Blättern und Nadeln wirklich bis in die Wipfel hochgezogen. Wenn man Leitungsbahnen des Wassers durchschneidet, so dass es nicht mehr gezogen werden kann, bricht der Nachschub an Wasser sofort ab. Allein daraus ergibt sich schon, dass es nicht von unten geschoben wird; denn sonst müsste es ja weiterhin nach oben bis zur Schnittstelle und aus dieser herausfließen. Dass Wassermoleküle aufeinander Kräfte übertragen können, beruht darauf, dass sie miteinander wechselwirken. Es ist bekannt, dass Wassermoleküle durch chemische Bindungen, sogenannte Wasserstoff-Brückenbindungen, miteinander verbunden werden können und sporadisch kurzzeitig sogenannte Cluster, Ansammlungen, bilden. Der Wasserstoff des Wassermoleküls kann, wenn der Abstand günstig ist, mit dem Sauerstoffatom eines Nachbar-Moleküls Bindungen aufnehmen. Diese Bindungen lösen sich und bilden sich wieder in schneller Folge. Wie können Bäume damit Wasser ziehen, während wir es anscheinend nicht so ohne Weiteres können? Die Bäume nutzen dafür die Nanotechnologie und, wie wir sehen werden, auch eine bemerkenswerte Eigenschaft des Wassers. Wenn man es nämlich dehnt, bilden sich immer mehr Wasserstoff-Brückenbindungen, und der Zusammenhalt des Wassers wird fester. Ein interessantes Beispiel von gedehntem Wasser ist übrigens das Eis, das ja aus Wasser besteht, jedoch viel leichter ist als flüssiges Wasser. Wir können uns davon leicht überzeugen, denn es schwimmt, wenn es sich bei Abkühlung bildet, auf dem Wasser. Im Eis sind Wassermoleküle auch viel fester gebunden als in Wasser. Man braucht viel mehr Wärme, um Eis in Wasserdampf zu überführen, als um Wasserdampf aus Wasser zu erzeugen. Gedehntes Wasser, wie es die Bäume in ihren Wasserbahnen entwickeln, ist mehr oder minder ein Zwischenzustand zwischen Wasser und Eis. Wenn Wasser gedehnt wird, bilden sich mehr und mehr Bindungen, und der Zusammenhalt wird höher, so dass schließlich Wassersäulen gezogen werden können, ähnlich wie man auch ein Gummiband zieht. Damit die Wassersäulen nicht reißen, müssen sie recht dünn sein und durch die Oberflächen der Wasserleitungsbahnen gut stabilisiert werden. Man braucht dazu also geeignete dünne Rohrleitungen, Kapillaren. Aber das eigentliche Geheimnis dieses Energiesystems sind die Verdunstungsstrukturen in den Blättern und Nadeln der Bäume. Nur wenn Wasser aus Nanostrukturen verdunstet, das heißt, wenn es viele Bindungen zur Umgebung, zu den Wänden der Nanoporen, aufweist, kann es bei der Verdunstung die Kräfte übertragen, die es ermöglichen, dass Wasser sozusagen im Kollektiv-Verband die Stämme der Bäume hochzieht.

Wir können annehmen, dass die Natur die Nanostrukturen der Verdunstungsorgane in den Blättern im Laufe der Evolution sehr wirksam optimiert hat. Die Entwicklung dieser biologischen Technologie begann während der Devon-Zeit vor ca. 350 Millionen Jahren. Heute noch kann man auf der Bäreninsel, am Ufer der Barentssee, große fossile Stämme der ersten Bäume erkennen, die Höhen über zehn Meter, ja bis zu 20 Meter erreicht haben. Damals haben sich auch die ersten richtigen Blätter entwickelt und offensichtlich auch die nanotechnologischen Strukturen, die man braucht, um Sonnenwärme in mechanische Arbeit umzusetzen. Im Inneren der Blätter gibt es Hohlräume, in die das Wasser aus Nanoporen hineinverdunstet. Wenn nach einem Regen alles überflutet ist, passiert nichts. Die Strukturen sind inaktiv. Erst wenn die Verdunstungsgrenze des Wassers sich in die Poren zurückzieht, fängt diese „Dampfmaschine“ der Pflanzen an zu arbeiten. (Sie funktioniert allerdings ganz anders als unsere klassischen Dampfmaschinen und arbeitet über Selbstorganisationsprozesse, wie vieles in der lebenden Natur.) Die Natur gewinnt damit einfach nebenher Energie, wenn sie Wasser durch die Pflanzen verdunsten lässt. Sie nutzt diese Energie nicht nur zum Hochtransportieren von Wasser und zum Kühlen. Sie zieht es auch mit dieser Kraft aus trockenen Böden oder gewinnt auf diese Weise selbst aus salzigem Wasser Süßwasser. Die Pflanzen, die Letzteres bei Umgebungstemperatur zuwege bringen, sind die Mangroven, die an den Küsten tropischer Meere leben. Diese robusten Pflanzen werden regelmäßig von Meerwasser überflutet und gewinnen aus diesem das Wasser, das sie zum Leben brauchen. Dies alles geschieht bei Umgebungstemperatur. Vielleicht können wir es ihnen einmal nachmachen. Wenn Tiere in ihren oft lebensfeindlichen Verbreitungsgebieten das für ihr Überleben so wichtige Nass aus ihrer pflanzlichen Nahrung aufnehmen, sollten wir daran denken, dass sie dies einem technisch vom Menschen noch unerschlossenen Mechanismus der Nanotechnologie verdanken. Unsere ganze Natur würde anders aussehen, wenn sie diesen bisher wenig beachteten Prozess der solaren Energiewandlung nicht entdeckt hätte. Es gäbe keine Bäume mit mehr als zehn Meter Höhe, und auf trockenen Böden würden kaum Pflanzen überleben. Die Tiere, die in Trockengebieten ihr Wasser aus Pflanzen beziehen, könnten dort sonst gar nicht leben.

Man kann mit einem einfachen Experiment zeigen, dass die Umwandlung von Verdunstungsenergie in mechanische Energie funktioniert. Ein Keramik-Material, aus dem Wasser verdunstet, kann Wasser in einer angekoppelten Kapillare hochziehen, und zwar deutlich höher als zehn Meter. Bei einem gegenwärtig laufenden bionischen Forschungsprojekt geht es darum, durch Optimierung der Nanostrukturen den entstehenden mechanischen Zug zu maximieren und technisch zu nutzen. Einerseits soll dieser dazu verwendet werden, reines Wasser aus Meerwasser herauszufiltern. Andererseits soll durch Wasserverdunstung hochgehobenes Wasser auch frei verfügbar gemacht und ausgekoppelt werden, um mechanische Arbeit zu leisten. Wie dies erfolgen kann, ist noch nicht ganz klar. Aber ein mit Wasser gefüllter Apfel, der vom Baum fällt, zeigt, dass die Natur auch dafür eine Lösung gefunden hat.

Das auffälligste solare Energiesystem der grünen Pflanzen, von dem wir alle leben, sind die Einrichtungen der Fotosynthese. Es ist auch letztlich für die fossilen Energiereserven verantwortlich, die unsere Industrie zur Zeit hauptsächlich mit Energie versorgen. Bei diesem Prozess wird Licht zunächst in elektrische Energie umgewandelt, was in den sogenannten fotosynthetischen Membranen passiert. Aber die Natur sammelt keinen Strom, sondern wandelt die Elektrizität direkt in chemische Energieträger um, die dann weitertransportiert und umgesetzt werden. Bemerkenswert ist nun, dass die Pflanzen grüne Farbstoffe, Chlorophyll-Moleküle, einsetzen, um Licht einzufangen, und dass sie auf nanotechnologische Prinzipien bauen, um die Umwandlung von Licht in elektrische Energie zu bewerkstelligen. Diese „Solarzellen" funktionieren freilich anders als unsere jetzigen technischen Silicium-Solarzellen. Ihr Prinzip wurde mit Hilfe von Chlorophyll, das aus Spinat gewonnen wurde, schon vor 35 Jahren demonstriert. Man nimmt einfach ein Metalloxid, zum Beispiel Zinkoxid, das aus feinen Partikeln bei höherer Temperatur zusammengesintert wurde und nur ultraviolettes Licht absorbieren kann, und verfärbt es mit einem Farbstoff wie Chlorophyll. Dann beobachtet man, dass der Farbstoff Elektronen, die das Licht in dem Farbstoff energiereicher gemacht, das heißt also in ein höheres Energieniveau versetzt hat, an das Zinkoxid weiterreicht. Von diesem werden die Elektronen in den äußeren Stromkreis geleitet und kehren vom Rückkontakt her über ein Elektronen übertragendes flüssiges oder festes Medium zum Farbstoff zurück. Neuere Versionen dieser Farbstoff-Solarzelle funktionieren mit Titanoxid-Nanoteilchen und nutzen als Farbstoff nicht Chlorophyll, sondern einen organischen Metall-(Ruthenium-)Komplex, der aus bisher wenig verstandenen Gründen erstaunlich stabil ist. Als Kontakt dient eine jodsalzhaltige Lösung, die Elektronen überträgt, oder wiederum Nanoteilchen, zum Beispiel von Kupferjodid, wie in Abb. 1 dargestellt. Insgesamt besteht die Farbstoffzelle also aus zwei leitenden Kontakten, von denen wenigstens einer für Licht durchsichtig ist. Auf den durchsichtigen Kontakt ist eine rund ein zehntausendstel Millimeter dicke Schicht aus Nanoteilchen aufgebracht, die mit Farbstoff gefärbt ist. Als Kontakt-Gegenschicht kann wiederum eine Schicht aus Nanoteilchen dienen, zum Beispiel aus Kupfer-Jodid, wie in Abb. 1 gezeigt.

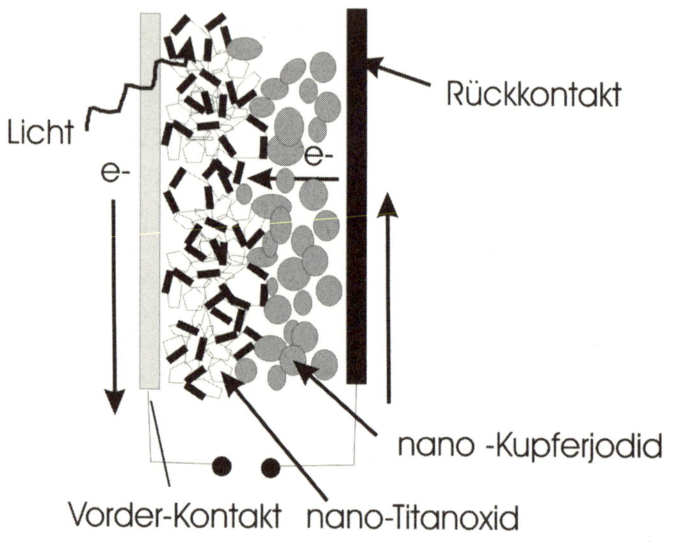

Abb. 1: Die Farbstoff-Solarzelle aus Nanoteilchen (Farbstoff als schwarze Rechtecke angedeutet) funktioniert, weil die Elektronen, die das Licht im Farbstoff freisetzt, in eine Richtung, nämlich ins Metalloxid, hineingedrängt werden. Bei der Orientierung des Stroms ist hier also nicht ein eingebautes elektrisches Feld, sondern es sind komplexe chemische Mechanismen im Spiel.

Bei den heute genutzten Silicium-Solarzellen erfolgt die Umwandlung von Licht in Strom auf andere Weise. Man nimmt Halbleiter, die Licht absorbieren, und baut durch geschickte Aneinanderpassung von Materialschichten, in denen Elektronen unterschiedliche Energie besitzen, elektrische Felder auf. Diese eingebauten elektrischen Felder sind es, welche die Elektronen in eine Richtung zwingen, so dass man einen Solarstrom beobachten kann. Im Gegensatz dazu nutzt die Natur in ihren fotosynthetischen Membranen keine eingebauten elektrischen Felder, sondern, wie in der ihr nachempfundenen Farbstoff-Solarzelle, Prinzipien der Nanotechnologie. Die Nanoteilchen, in denen Elektronen freigesetzt werden, verhalten sich mit ihren Oberflächen so, dass die freigesetzten Elektronen lediglich aufgrund chemischer Mechanismen wissen, wohin sie laufen sollen. Das heißt, es wird eine Gleichrichtung des Stromes durch chemische Prinzipien erzielt. Man kann Nanoteilchen also so herstellen und handhaben, dass sie, wenn sie richtig zusammmengewürfelt werden und sich zum Teil selbst organisieren, den Strom in nur eine Richtung laufen lassen. Im Labor ergeben neuere Typen von Farbstoffsolarzellen mit nassen, Elektronen leitenden Kontakten bereits Energieausbeuten von bis zu 11 %. Sie leiden allerdings noch unter einer Reihe von Problemen. So sind sie zum Beispiel nicht über eine hinreichend lange Zeit stabil und haben auch dann, wenn flüssige Kontakte eingesetzt werden, den Nachteil, dass man sie sehr gut und teuer versiegeln muss. Nano-Festkörper-Solarzellen sind deutlich ineffizienter und bisher leider ebenfalls instabil. Um diesen nanotechnologischen Typ von Solarzellen zu breiter Anwendbarkeit weiterzuentwickeln, muss man das Verständnis von fotovoltaischer Nanotechnologie noch erheblich vertiefen und vor allem lernen, wie man effizient über chemische Mechanismen Elektronen nur in eine Richtung laufen lassen kann. Dies ist eine recht schwierige Herausforderung, die das Arbeitsgebiet der molekularen Elektronik berührt. Die Vorteile für die Fotovoltaik-Industrie, wenn es gelingt, diese Nano-Solarzellen zu hoher Zuverlässigkeit und Leistungsfähigkeit zu entwickeln, sind freilich offenkundig. Man benötigt dann nicht mehr die sehr energieintensiv herzustellenden kristallisierten Siliciumscheiben, sondern könnte einfach Nanoteilchen produzieren, ihre Oberflächen chemisch behandeln und sie dann zwischen zwei elektrische

Kontakte mischen, um auf diese Weise billigere und auch vielfältigere Arten von Solarzellen herstellen zu können. Die Nano-Materialtechnologie verspricht der Solarzellenforschung also eine interessante und aufregende Zukunft.

***

Energieumwandlungsprozesse, bei denen Kraftstoffe reagieren, sind oft gehemmt. Es treten Reaktionen auf, die nur zögerlich ablaufen. In diesem Fall braucht man Katalysatoren, um die Prozesse zu beschleunigen. Katalysatoren nutzt man, um Abgasprodukte von Verbrennungsmotoren in unbedenkliche Stoffe umzuwandeln, um Brennstoffzellen besser laufen zu lassen oder um die Brennstoffe selbst herzustellen. Katalysatoren sind Stoffe, die an der Reaktion teilnehmen, aber letzten Endes wieder unversehrt aus ihr hervorgehen. Sie führen eine Reaktion einfach einen günstigeren Weg entlang, ähnlich wie ein Bergführer, der eine Wandergruppe in einem Gebirge über einen günstigen Pass führt. Derselbe Bergführer könnte eine andere Gruppe auch denselben Weg wieder zurückführen. Das vermögen auch Katalysatoren. Sie können die Reaktion in beide Richtungen erleichtern und beschleunigen. Für viele wichtige Energieumwandlungsprozesse braucht man Katalysatoren in Nanoform, das heißt, man nutzt sehr kleine Teilchen, die zusammen eine entsprechend große Oberfläche besitzen. An dieser Oberfläche können nun chemische Verbindungen andocken, um den günstigeren Weg zu den Produkten zu finden. Bei einer typischen Brennstoffzelle will man die chemische Energie eines Energieträgers, wie zum Beispiel des Wasserstoffs, nutzen. Man entreißt dem Wasserstoff die Elektronen und fügt sie dem Sauerstoff hinzu, der auf diese Weise positive Wasserstoff-Teilchen (Protonen) aufnimmt und sich mit ihnen zu Wasser verbindet. Um dem Wasser auf energetisch günstige Weise vier Elektronen zuzuführen, was ein effektiver Prozess erfordert, müssen die chemischen Begleitumstände ideal sein. Der Katalysator hilft, diesen Prozess wirksam durchzuführen. Bei der Wasserstoff-Sauerstoff-Brennstoffzelle nutzt man Platin als Katalysator, und zwar bei der Übertragung der Elektronen auf den Sauerstoff. Dies heißt, der Strom der Elektronen erreicht die wenige Nanometer großen Platinteilchen in einer Polymerumgebung, die Protonen leitet. Die Elektroden-Katalysator-Struktur ist also eine Nano-Materialstruktur, die durch viele Experimente mühsam optimiert worden ist. Aus irgendeinem noch nicht genau verstandenen Grund wandern die Platin-Nanoteilchen aber im Laufe der Zeit allmählich zueinander und ballen sich zu größeren Aggregaten. Auf diese Weise wird natürlich ihre Oberfläche und damit ihre katalytische Wirksamkeit deutlich vermindert. Es ist eine nanotechnologische Herausforderung, herauszufinden, wie man solche fein verteilten Nanoteilchen auch fein verteilt erhalten kann. Ein Ausweg wurde mit einem anderen Edelmetall – Ruthenium – als Katalysator gefunden. Es oxidiert zu Rutheniumoxid, das aber keine gute katalytische Wirkung zeigt. Wenn man den Rutheniumoxid-Nanoteilchen aber nun sehr kleine Mengen des Elements Selen zufügt, dann stoppt man damit den Oxidationsprozess, und die nur zwei Nanometer großen Teilchen entwickeln sehr gute katalytische Eigenschaften. Im Labor sind sie noch nicht so gut wie Platin-Teilchen, haben aber den erstaunlichen Vorteil, dass sie nicht mehr zu größeren Aggregaten zusammenfinden, was eben ihre Katalysefähigkeit reduzieren würde. Dazu kommt, dass sie viel billiger sind als Platin. Die Kosten für den Rutheniumoxid-Selen-Katalysator betragen nur 10 % der Kosten des Platins, er zeigt aber im Labor schon 50 % von dessen Wirkung. Warum geringste Mengen von Selen auf der Nanooberfläche diese interessante Wirkung zeigen, ist gegenwärtig noch nicht ausreichend verstanden.

Ein noch interessanteres Ziel besteht nun darin, es der Natur nachzumachen und ganz auf Edelmetalle als Katalysatoren zu verzichten. Tatsächlich nutzt die Natur für Katalyse-Prozesse,

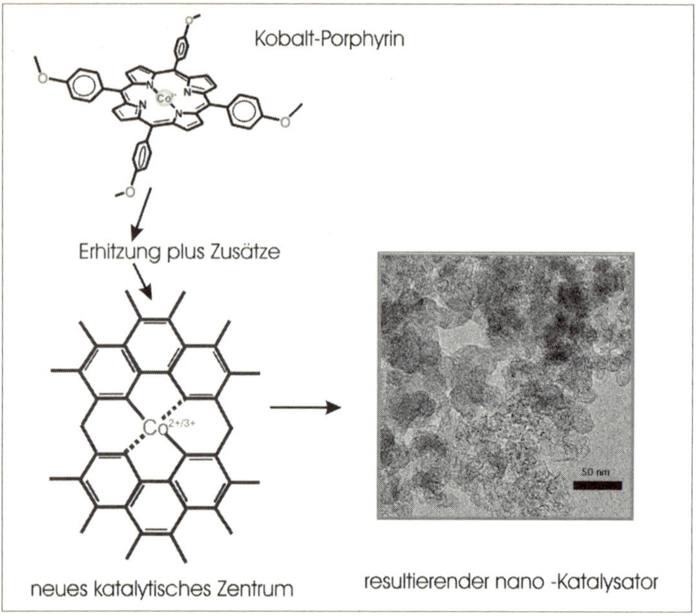

Abb. 2: Hier wird die Herstellung eines mit häufigen Metallen funktionierenden Katalysators erklärt, ähnlich wie ihn auch die Natur einsetzt. Durch Erhitzen und chemische Reaktionen wird ein Nanomaterial erzeugt, welches das Metall gegen Oxidation schützt, aber gleichzeitig die katalytische Reaktion über einer großen Oberfläche ermöglicht.

bei denen wir in der Technologie Edelmetalle verwenden, häufige Metalle wie Eisen, Kupfer, Mangan, Molybdän oder Kobalt. Diese wirksam als Katalysatoren einzusetzen ist eine große Herausforderung für die Nanotechnologie, da man diese Metalle gegen die Oxidation, also die chemische Reaktion mit dem Sauerstoff, schützen muss. Der Natur gelingt dies durch angepasste molekulare Strukturen um diese Metallzentren herum. Ein technisch machbarer Weg gelang kürzlich mit einer Vorgehensweise, wie sie in Abb. 2 beschrieben ist. Ein Metall (hier Kobalt) enthaltender organischer Porphyrin-Komplex wird mit chemischen Zusätzen auf 800 Grad erhitzt und chemisch nachbehandelt. Dabei entsteht ein Material mit Grafit-Bestandteilen, in dem das Metall einerseits durch eine Stickstoff-Umgebung, andererseits durch eine Grafit-Kohlenstoff-Umgebung geschützt wird. Die aus Abb. 2 ersichtliche Nanostruktur kommt mit ihren Katalysator-Eigenschaften für die Elektronen-Übertragung auf Sauerstoff dem teuren und seltenen Edelmetall Platin tatsächlich sehr nahe. Diese Erfahrungen belegen, wie wichtig es ist, die nanotechnologische Forschung voranzutreiben. Wenn eine hinreichende Langzeit-Stabilität solcher bioanaloger Katalysatoren bestätigt wird, bestehen sehr günstige Chancen für eine technische Anwendung in mit Brennstoff-Zellen betriebenen Fahrzeugen, da sie das sehr teure und knapper werdende Platin für eine Massenanwendung ersetzen können.

***

Eine wichtige Voraussetzung für eine umweltverträgliche Energieversorgung ist auch der rationelle Umgang mit Energie. Dabei ist es vor allem notwendig, Wärme sammelnde oder erzeugende Bereiche gegen ungewollte Wärmeverluste zu schützen. Auch die Natur war während der Evolution immer wieder mit diesem wichtigen Problem konfrontiert. Sie musste ihre warmblütigen Tiere in kalten Klimagebieten der Erde effektiv gegen den ständigen Verlust von Energie schützen. Aber auch die Pflanzen in den Hochgebirgen mussten lernen, frostige Nächte heil zu überstehen. Wie ist dies gelungen? Wie überleben Pinguine in der eisigen winterlichen Antarktis? Warum fühlen sich Seeotter im kalten Wasser vor Alaska, wo der Mensch nur wenige Minuten gesund überleben würde, pudelwohl? Die Natur hat mit den umweltfreundlichen Isolationsmaterialien Chitin, Keratin und Zellulose wahre Wunderwerke der Isolations-Technologie entwickelt. Es sind hochstrukturierte Federbälge, hochverdichtete Pelze, aber auch schaumartige, von Poren durchzogene oder haarpelzartige Zellulose-Strukturen, durch die diese

Meisterleistungen erzielt werden. Die Federn der Vögel mit ihren Varianten vom feinsten Flaum bis zur aerodynamisch geformten hochdynamischen Flugfeder sind Wunderwerke der Strukturvariation. Je stärker man die Strukturen unter dem Mikroskop auflöst, umso mehr erkennt man Verästelungen und Verankerungen, die in einem dichten Federbalg ein elastisches Netz von Mikro- und Nanostrukturen ausbilden. Aufgebrachtes Fett verbessert noch die Eigenschaften dieser hochentwickelten Struktur zur Wärmedämmung. Kaiserpinguine überleben in ihnen, während sie ihre Eier oder Küken auf den Füßen tragen, auf dem Eis stehend die antarktische Winterkälte. Es sind vor allem die winzigen im Federkleid eingeschlossenen Lufträume, welche den Wärmeverlust dämmen. Sie sind so klein, dass sich in ihnen die Luft nicht bewegen kann, und ruhige Luft leitet Wärme schlecht.

Abb. 3: Das Federkleid der Schnee-Eule ist ein Wunderwerk der Mikro- und Nanotechnologie. Es erhält einen 37 Grad warmen Körper bei arktischen Temperaturen und extremer Windkälte voll aktionsfähig, es garantiert beim Fliegen eine hochentwickelte Aerodynamik und bietet nebenher noch perfekte Geräuschlosigkeit beim Angriff auf die Beute.

Dieses Geheimnis der Feinstrukturen nutzen auch die Seeotter an der Pazifik-Küste Nordamerikas mit ihrem extrem dichten Pelz, den sie statt einer plumpen Fettschicht entwickelt haben. Er ist so dicht, dass das Wasser nicht mehr zwischen die Härchen eindringt. Sie schwimmen damit in eisigem Wasser, umgeben von einem Luftmantel, der sie wirksam vor Kälte schützt, weil er etwa 25-mal schlechter Wärme ableitet als Wasser. Sie schwimmen damit im kalten Wasser, als ob sie sich in der Luft bewegen würden.

Die Natur arbeitet auch mit Zellulose- oder Seiden-Strukturen, die so dicht sind, dass Wasser nicht hindurchkann. So schützen sich zum Beispiel Insektenlarven vor Nässe, indem sie dicht gewebte Kokons um ihre Körper herumspinnen. Aber dieselben Strukturen lassen andererseits dennoch Feuchtigkeit als Dampf durch ihre feinen Poren. Ein ähnliches künstliches Material, bekannt als Goretex, verwenden wir heute vielfach als Anorak-Textilgewebe. Es schützt uns vor Nässe, die von außen nicht durchdringt, lässt unsere Haut aber atmen und überschüssigen Wasserdampf nach außen dringen. Die Feinstrukturierung von Isolations-Materialien macht den großen Unterschied zwischen einfacher Technik und höchster Perfektion aus. Ein Material wie Keratin oder Zellulose entwickelt erst dann seine Perfektion und seine Vielfalt an Eigenschaften, wenn es in feine Strukturen aufgelöst wird und von vielen Hohlräumen durchzogen ist. Dann nämlich werden die Eigenschaften des Materials durch seine Hohlräume im Mikro- und Nanomaßstab und die damit zusammenhängenden zahlreichen inneren Oberflächen wesentlich mitbestimmt. Materialien mit Mikro- und Nanohohlräumen könnten bei den heutigen Energieproblemen in vielfältiger Weise helfen. Ein Beispiel ist die transparente Wärmeisolierung, welche Licht an die Hauswände durchlässt, die Wärmeableitung aber durch feinporige Hohlraumstrukturen drastisch bremst.

An diesen wenigen Beispielen schon kann man erkennen, was Nanomaterialien an neuen Techniken im Energiebereich versprechen. Wir werden völlig neue Solartechnologien erlernen, wie sie bisher und seit Hunderten von Millionen Jahren nur Bäume nutzen. Es dürfte auch einmal wahr werden, dass aus leicht herzustellenden Nanomaterialien billige stromerzeugende Solarzellen fabriziert werden können. Auch nützliche Energie-Katalysatoren ähnlicher Art, wie die Natur sie in ihren Energiekreisläufen einsetzt, werden als Nanomaterialien vielfältig verfügbar werden. Was die Natur uns allerdings voraushat, ist die erstaunliche Fähigkeit, durch Selbstorganisation solche hochstrukturierten Nanomaterialien zielsicher herzustellen. Wir verstehen zwar heute, wie dies im Prinzip geht, aber praktische Erfahrungen müssen noch viele gesammelt werden.

Intelligente Textilien

Marcel Halbeisen

Unterwäsche, die man nie mehr waschen muss? Schuhe, die sich selbst binden? Hosen, die sich automatisch der Körperform anpassen? Davon träumen die Textiler unter den Visionären. Doch die Zukunft der intelligenten Textilien wird anders aussehen.

Was hat die textile Welt nicht schon alles versucht, um sogenannte intelligente Textilien, auch intelligente Kleidung genannt, herzustellen! Vom GPS im Kragen einer Outdoor-Jacke über einen MP3-Player, der direkt ins Textil integriert ist, oder einem Handy (inklusive gestickter Tastatur) auf dem Ärmel bis zum Bildschirm auf dem T-Shirt, der diverse Motive projizieren kann – die Fantasie kennt keine Grenzen. Doch ganz ehrlich, brauchen wir das? Was nützt mir das Handy in der Jacke, wenn ich im Restaurant eben diese Jacke an die Garderobe hänge? Wozu brauche ich ein GPS in meiner Outdoor-Jacke, wenn es zu heiß ist, sie zu tragen? Und was soll daran intelligent sein? Mehr als das, was die Geräte bisher konnten, können diese Basteleien ja auch nicht. Was wir wirklich benötigen, sind Textilien, die eine intelligente Funktion ausüben, ohne dass man daran denken muss, sie aufzuladen, sie auszuziehen (oder eben nicht auszuziehen), Textilien, die wie diejenigen, die wir jetzt tragen, ganz einfach zu handhaben sind, bequem, modisch, leicht und mit besonderen Funktionen versehen, die unseren Alltag leichter machen. Natürlich noch leichter als bisher. Intelligente Textilien eben!

Was Textilien sind, das wissen wir. Was intelligent bedeutet, eigentlich auch – aber was können wir von intelligenten Textilien erwarten? Die Forscher und Forscherinnen, die heute an der Entwicklung von intelligenten Textilien arbeiten, haben ganz andere Fragestellungen zu lösen als „Wie kann ich meine Kopfhörer, die im Kragen verstaut sind, mit dem Handy in der Innentasche der Jacke verbinden?“ Das ist in etwa so intelligent, wie einen Lichtschalter mit einer Lampe zu verbinden. Selbst ein Textil, in das Solarzellen integriert sind, die immer genügend Strom für das Handy produzieren, ist nicht intelligent. Okay, das wäre zwar ganz schön cool, aber eben nicht intelligent. Wir müssen uns eher Fragen wie folgende stellen: „Kann ich ein T-Shirt entwickeln, das bei einem Zuckerkranken den Blutzuckerspiegel misst und automatisch die richtige Menge Insulin injiziert?“ Oder: „Kann ich einen Vorhang konstruieren, der seine Durchlässigkeit jeweils den Lichtverhältnissen anpasst?“ Man sieht, intelligente Textilien müssen mehr können als bestehende Geräte in einem Textil miteinander zu verdrahten – das wären „Wearable Electronics“ – oder einfach eine Funktion auszuüben – das wären „funktionelle Textilien“. Der Nanoforschung geht es aber um Textilien, die uns helfen, die uns unterstützen, die uns oder unsere Umgebung kontrollieren und gegebenenfalls richtig reagieren, um Textilien, die selbstständig tätig sind, ohne dass wir uns um sie kümmern müssen.

Es kommt also noch viel auf uns zu. Damit ein Textil intelligent ist (oder wenigstens so genannt werden kann), muss es erstens etwas merken und zweitens handeln können. In der Technik spricht man von einem Sensor (von lat. *sensus*: „Gefühl“), also einem System, das eine gewisse Wahrnehmung hat, sowie einem Aktor (von lat. *actus*: „Tätigkeit“), also einem System, das etwas tun kann. Sensor und Aktor können direkt oder über ein Regelsystem miteinander verbunden sein. Solche Systeme werden auch als adaptiv, also anpassungsfähig, bezeichnet.

Sie sind prinzipiell schon heute machbar. Beispielsweise wurde bereits eine Bettdecke entwickelt, die die Temperatur und

Feuchtigkeit überwacht und je nachdem mehr oder weniger warm hält. Der oder die Schlafende hat also unter der Decke immer das ideale Klima und wird nicht unruhig, weil es zu warm oder zu kalt ist. Solche Systeme sind aber prinzipiell aus bereits bestehenden Komponenten aufgebaut, die von einem Regelsystem gesteuert werden. Was das alles mit Nanotechnologie zu tun hat? Eigentlich noch nichts. Viele intelligente Textilien, die man noch entwickeln möchte, müssen aus wesentlich kleineren Komponenten bestehen, um überhaupt akzeptiert zu werden. Denn kein Mensch ist bereit, mit einem Computer und komplizierten mechanischen Bauteilen um sich herum durch die Gegend zu laufen. Textilien sollen so sein, wie sie immer schon waren. Das bedeutet, dass man an der *Faser* ansetzen muss, denn die Faser ist das „Grundelement" eines Textils. Um eine Faser textil verarbeiten zu können, um also aus ihr ein textiles Produkt herstellen zu können, das auch die typischen textilen Eigenschaften hat, muss man sie sehr fein machen. Insbesondere die haptischen Eigenschaften (von griech. *haptikós*: „greifbar"), also das, was wir spüren bzw. fühlen, sind sehr wichtig; und sie werden durch die Feinheit der Faser bestimmt. Die optimale Flexibilität (und damit die geeignete Haptik) eines Kleidungsstückes erreicht man nur durch die Konstruktion mit feinsten Fasern, die einen Querschnitt von 10–30 µm (0,01–0,03 mm) oder feiner haben. Alles andere wirkt hart und unangenehm. Und wer möchte schon mit „borstigen" Kleidern leben? Wollen wir also intelligente Systeme in unsere Textilien integrieren, müssen sie sehr klein sein, idealerweise so klein, dass sie in oder an den Fasern sind. Grobe Strukturen würden auch die Festigkeit, eine der wichtigsten Eigenschaften der Fasern, massiv herabsetzen. Und daher ist die Nanotechnologie, die Technologie, die sich mit dem Kleinsten beschäftigt, die Schlüsseltechnologie zum Erfolg. Denn nur nanoskopisch kleine Strukturen können überhaupt in mikroskopisch kleine Fasern eingearbeitet werden.

Weit, das muss man ehrlich zugeben, sind wir noch nicht. Die Medien haben zwar schon vor Jahren von allerlei intelligenten Textilien berichtet, das meiste war aber „Wearable Computing" oder „Wearable Electronics", also tragbare Computer- oder Elektroniktechnologie. Doch einige Textilien, die durch Nanotechnologie „veredelt" sind, gibt es tatsächlich. So wurde der Lotus-Effekt bereits umgesetzt, und man kann Textilien kaufen, auf denen selbst Ketchup oder Rotwein keine Flecken hinterlassen. Man kann sogar Honig mit Wasser oder einer anderen Flüssigkeit wie Cola einfach abspülen. Wer allerdings meint, dass man solche Kleider auch nicht mehr waschen muss, der irrt, denn Schmutz ist sehr vielfältig, und Schweiß oder Körperfette dringen trotzdem in das Textil. Aber gegen Kleckern ist das schon eine gute Sache.

Weitere „Nanoanwendungen" sind bereits kommerzialisiert oder stehen kurz vor der Kommerzialisierung. Es gibt Fasern, die Gerüche eliminieren, und solche, die Medikamente abgeben – sei es als fertig gewebtes Textil oder als chirurgischer Nähfaden, der Antibiotika genau da abgibt, wo sie benötigt werden. Ist der Faden aus resorbierbarem – also vom Körper abbaubarem Material – dann wird er sogar mit der Zeit ganz verschwinden und dabei stetig etwas Antibiotika freisetzen. Die Medikamente werden dazu in Nanopartikel eingearbeitet, die wiederum in der Faserherstellung eingesetzt werden.

Die Forscher arbeiten auch an strukturierten Fasern, die das Zellwachstum steuern, um so zum Beispiel Nervenzellen in eine definierte Richtung wachsen zu lassen. Auf diese Weise könnte es in Zukunft sogar möglich sein, dass durchtrennte Nerven wieder zusammenwachsen könnten. Die dazu verwendeten Nanostrukturen sind allerdings sehr komplex, und daher wird sich die Forschung damit noch einige Zeit intensiv zu befassen haben. Zwar sind das dann keine intelligenten Fasern im oben definierten Sinne, aber zusammen mit den Zellen ergibt sich ein selbstheilendes System. Und das ist doch intelligent genug, oder?

Intelligente Systeme können zum Beispiel den Bewegungsablauf eines Menschen erfassen und durch Drucksteuerung Einfluss auf Fehler nehmen. In den Textilien enthaltene Nanosensoren erfassen die Bewegung, und Piezofasern steuern den Druck, um die Bewegungsabläufe zu korrigieren. Haltungs- und Bewegungsanomalien können so ohne menschliche Überwachung präzise korrigiert werden. Intelligente Textilien mit integrierten Drucksensoren können etwa auch bei Paraplegikern die Vorbeugung gegen chronische Wunden im Gesäßbereich übernehmen und gegebenenfalls etwa das pneumatische Sitzkissen steuern, um die Durchblutung zu verbessern.

Vieles, was für die Gesundheitsindustrie entwickelt wird, wird sich vermutlich zuerst im Sport durchsetzen. Gerade unter den aktiven Sportlern gibt es sehr innovationsfreudige Menschen, die gerne neueste Tools ausprobieren und auch bereit sind, ziemlich viel Geld dafür auszugeben. So joggen schon heute viele Sportler mit Herzfrequenzmess-Systemen durch die Gegend und werten dann auch die Daten zu Hause aus. Doch die bestehenden Systeme sind meist unbequem und stören so die sportliche Aktivität. Was liegt also näher, als ein T-Shirt zu entwickeln, das diese Daten erfasst und zu Hause gleich an ein Rechnersystem übermittelt? Wenn wir die Idee weiterspinnen, dann gelangen wir gar zu einer Waschmaschine, die die Sportkleidung nach der Aktivität reinigt und gleich analysiert, was ausgeschwitzt wurde. Die erfassten Daten würden während des Waschvorgangs gelesen und an den PC übermittelt. Dieser macht dann gleich Vorschläge für eine optimale Ernährung. So weit, so schön. Aber eigentlich ist das ja nicht besonders intelligent. Es fehlt der Aktor. Wir benötigen noch ein System, das aktiv in die sportliche Tätigkeit eingreift. So könnte man sich vorstellen, dass ein Regelsystem die Bekleidung steifer macht, um den Trainingseffekt zu erhöhen. Das hört sich sicher seltsam an, aber es ist besser als die Sandsäcke, die zum Teil nachgezogen werden, um den Kraftaufwand zu erhöhen. Fitness-Studios hätten so in

Zukunft keine speziellen Geräte mehr, sondern Kleidungsstücke, die den Kraftaufwand steuern, präzise an das Trainingsprogramm angepasst, ohne Überlastungen oder Fehlbedienungen. Und man kann das ganze Training auch zu Hause durchführen: Spezialanzug anziehen und loslegen.

Näher liegen uns heute aber adaptive Systeme, die den Schutz des Menschen erhöhen. Der Wunsch vieler Bergsteiger ist eine variable Thermoisolationsschicht, die dann wärmt, wenn es draußen besonders kalt ist, aber die Isolation reduziert, sobald es durch die Bewegungswärme zu warm wird, und so den Komfort erhöht. Auch Skilaufen und andere Sportarten sind ideale Einsatzgebiete für solche Systeme. Ansätze dazu gibt es bereits. Nanosensoren in Fasern könnten diese Arbeit sehr gut übernehmen. Ideale Textilien werden dann so hergestellt, dass sie sich den Messwerten entsprechend anpassen, indem sie zum Beispiel die Luftdurchlässigkeit – und damit die Ventilation – steuern. Sind die Systeme beim Aufstieg noch gut gelüftet, schließen sie sich auf dem Gipfel und bieten dann einen optimalen Schutz – ein System, das man auch für Rad- und Motorradfahrer und in vielen anderen Bereichen einsetzen könnte.

Ähnliches gilt für Textilien, die als Windschutz eingesetzt werden können. Bei leichter Brise sind sie „offen“ und sorgen für angenehme Kühlung durch einen leichten Luftzug, sobald der Wind aber stärker wird, beginnen sie die Luftdurchlässigkeit zu erniedrigen und so den Wind abzuhalten. Bei sehr großem Sturm, wenn sich sowieso niemand mehr draußen befindet, öffnet sich die Konstruktion so stark, dass sie kaum mehr Widerstand bietet und daher auch nicht abmontiert werden muss. Natürlich wäre dieses System auch der Traum jedes Seglers: Nur die Sollgeschwindigkeit einstellen, und die Fasern regeln durch die Durchlässigkeit den Widerstand.

Und wenn wir schon bei der Durchlässigkeit sind – wer hat sich nicht schon darüber aufgeregt, wenn die Sonne zu stark ins Zimmer scheint und die Vorhänge nur ganz geschlossen werden können, was wiederum zum Einschalten des Lichtes zwingt, weil die Vorhänge zu viel Licht wegnehmen? Und das bei schönstem Sonnenschein draußen! Soll man dann leichtere Vorhänge verwenden, die aber wiederum zu wenig schützen? Wie ärgerlich ist allein schon das ständige Öffnen und Schließen der Vorhänge bei wechselhaftem Wetter! Hier setzen adaptive Vorhänge an, die je nach Helligkeit mehr oder weniger Licht durchlassen und somit die Lichteinstrahlung regeln. Dabei können Farbstoffe zum Einsatz kommen, die durch die Lichteinstrahlung dunkler, oder Fasern, die breiter werden und so das Textil immer mehr schließen.

Wer sich schon einmal in einem Krankenhaus oder einem Verwaltungsgebäude zurechtfinden musste, weiß, wie angenehm es wäre, ein Leitsystem zu haben, das nicht aus komplizierten Raumbezeichnungen oder verwirrenden Symbolen besteht. In Zukunft könnte diese Aufgabe der Teppich oder ein anderer Bodenbelag erledigen. Sobald der gewünschte Ort an der Information in das System eingegeben wurde, zeigen leuchtende Fasern im Boden den korrekten Weg an. Fasern, die Druck aufnehmen, werten den Standort der Person aus, und das Rechnersystem regelt die Leuchtfasern, die dann genau vor der Person den Weg bis zum Ziel anzeigen. Biegt die Person falsch ab, kann das Navigationssystem gleich den neuen optimalen Weg berechnen. Solche Systeme wären auch bei Brandfällen oder anderen Katastrophen sehr hilfreich, denn nicht immer ist der Weg zum Notausgang auch wirklich der sicherste Weg. Je nach Gefahrenquelle und Ort werden die Personen durch den intelligenten Boden schnellstmöglich an den nächsten sicheren Ort geleitet.

Auch die zukünftige Armee – eigentlich ein trauriges Thema – wird sich mit Textilien „bewaffnen", die die Schlagkräftigkeit der Truppe erhöhen sollen. So arbeiten Forscher daran, einen Anzug herzustellen, der wie Harry Potters Tarnumhang unsichtbar macht. Ob „unsichtbar" tatsächlich hundertprozentig möglich ist, ist noch die Frage, doch ein optimales Anpassen der Farben an den Untergrund kann schon vieles bewirken. Nanosensoren erfassen dabei die Umgebungsfarbe und die Helligkeit und regeln dann die adaptiven Farbstoffsysteme. Textilien werden auch das Kommunikationsmittel der Truppe darstellen, so kann ein Soldat, der verletzt wurde, sofort durch ein in seine Kleidung integriertes Diagnosesystem den Sanitätern gemeldet und im schlimmsten Fall sogar „abgebucht" werden. Durch ein intelligentes System könnte sofort die Art der Verletzung detektiert und geeignete Maßnahmen könnten eingeleitet werden. Doch wichtiger scheint die Kommunikation zu sein. Wie kann ein Soldat möglichst schnell auf ein Gefahrenmoment aufmerksam gemacht werden? Haptische Aktoren könnten zum Beispiel den Soldaten mit Informationen versehen, indem ein Druck auf den linken Oberarm eine Gefahr von links andeutet. Das geht schneller als ein akustisches System, da der Soldat intuitiv reagieren kann.

Doch nicht nur die Armee, auch andere Einsätze können gesteuert werden. Thermosensoren warnen die Feuerwehr, wenn es zu heiß wird, und das Feuerwehrkommando weiß genau, wo welche Person im Einsatz ist und wie es ihr geht. Doch „spinnen" wir weiter: Polizisten tragen Uniformen, die mit leuchtenden „Displays" den Verkehr bei einem Unfall oder Ähnlichem regeln können, und bei Jet-Piloten wird die Blutzirkulation bei hohen Beschleunigungen durch den Anzug angepasst. Aber Vergleichbares gibt es ja schon, wenn hier auch die Nanotechnologie noch nicht beteiligt ist ...

Der Fun-Bereich ist immer ein interessantes Feld für Experimente. Und da Textilien ganz wesentlich zum Leben gehören, werden zunächst gerade hier einige Entwicklungen das Licht der Welt erblicken. Oft kommen technische Möglichkeiten, die sonst nicht realisiert werden, bei Spielzeug oder sonstigen Gags zum Einsatz. Und es ist auch schon öfter passiert, dass sich Forscher durch Spielzeug inspirieren ließen und daraufhin eine technische Entwicklung eingeleitet haben. Wir können also gespannt sein, was die aktivste und verspielteste Industrie demnächst präsentieren wird.

Nanostrukturierte Fasern können zum Beispiel Lichtreflexionen auslösen, so wie man es von den geprägten Hologrammen kennt, die auf Kreditkarten etc. aufgebracht sind. Besonders intelligent ist das noch nicht, aber wenn man diese Effekte jetzt noch so steuert, dass sie zur Musik in einer Diskothek passen, dann wird es interessant. Oder man kreiert Textilien, die sich der Stimmung des Trägers oder der Trägerin anpassen.

Ideen gibt es – wie immer – mehr als genug. Doch an der technischen Umsetzbarkeit scheitern viele Ideen, denn oft ist es sehr schwer oder sogar unmöglich, ein System zu entwickeln, das erstens funktioniert, zweitens großtechnisch produziert werden kann und drittens am Schluss auch bezahlbar ist. Viele Sensoren und vor allem Aktoren sind einfach noch zu teuer, als dass sie ideal eingesetzt werden könnten. Die Vergangenheit hat allerdings gezeigt, dass es oft nur eine Frage der Zeit ist, bis eine Idee zum Produkt wird. Mit Hilfe der noch jungen Nanotechnologie werden sicher viele Sachen möglich, die bisher nur als Science Fiction vorhanden waren. Die Zukunft der intelligenten Textilien hat jedenfalls dank der Nanotechnologie bereits begonnen.

Die Nano-Lochkarte: Sehr viel Information auf extrem kleinem Raum

Peter Vettiger

Der digitalen Speicherung von Information begegnen wir heute täglich bei der Benutzung unserer mobilen Telefone, der digitalen Kameras, beim Musikhören von CD- und MP3-Playern, beim Abspielen von Filmen von einer DVD und natürlich auch bei der Benutzung unseres PCs oder Laptops. Dabei wird die digitale Information als Zustand „0" oder Zustand „1" gespeichert. Der Wert der gespeicherten Information kennt also nur zwei Zustände, wie zum Beispiel die offene oder geschlossene Stellung eines Schalters. Eine Messgröße kann nur zwei definierte Werte haben, eine „1" oder eine „0". Im binären Zahlensystem nennen wir ein solches Zeichen ein Bit. Die Benutzung des binären Zahlensystems hat sich für die praktische Umsetzung von Rechenoperationen oder zur Speicherung von Daten besser bewährt als das uns vertrautere dezimale Zahlensystem. Ein großer Vorteil der digitalen Speicherung ist eine viel geringere Fehleranfälligkeit bei der Speicherung und beim Lesen der Information. Bis aus einem „0" ein fehlerhaftes „1" entsteht, ist hier ein viel größeres Störsignal nötig als bei einem analogen Signal. Anschaulich erlebt man dies beim Vergleich von analog aufgenommener Musik, die auf einer Schallplatte oder einem Tonband gespeichert ist, und derselben Musik, die digital zum Beispiel auf einer CD gespeichert ist. Die Musik auf der CD kann praktisch fehlerfrei und ohne jegliche Geräusche wiedergegeben werden, während dasselbe Musikstück auf Platte oder Kassette sehr rauschanfällig ist und sich durch vielfache Benutzung auch verschlechtert. Dies geschieht bei der CD nicht, da das Lesen durch die Verwendung eines Lasers berührungsfrei erfolgt. Im Gegensatz dazu wird die Information auf der Schallplatte bei jedem Abspielen mit der Spitze des Tonabnehmers leicht deformiert.

Am weitesten verbreitet sind heute die Speichertechnologien auf der Basis von Magnetplatten, Magnetbändern, elektronischen Silicium-Halbleiter-Speicherchips (den sogenannten Flash Cards), CDs und DVDs. Magnetplatten und -bänder werden vor allem in Rechnern (PCs, Laptops, Server) verwendet. Flash Cards finden sich dagegen am häufigsten in digitalen mobilen Geräten wie Kameras, Handys und MP3-Playern. CDs und DVDs hingegen sind in der Unterhaltungselektronik als Datenträger für Musik und Videoaufnahmen sehr stark verbreitet.

In welchem Anwendungsbereich eine Speichertechnologie verwendet wird, wird vor allem durch ihre Kompaktheit, ihre maximale Speicherkapazität, die Schreib-Lese-Geschwindigkeit, die Kosten etc. bestimmt.

Im Jahre 1956 brachte IBM mit dem RAMAC-System den ersten *Magnetplattenspeicher* auf den Markt. Er bestand aus einem Stapel von Magnetplatten, deren Durchmesser größer als 30 cm war. Man benötigte starke Arme, um diesen Stapel in die Schreib-Lese-Einheit einzudocken. Schreib-Lese-Arme, mit entsprechenden Schreib-Lese-Köpfen versehen, griffen kammartig in die Zwischenräume der gestapelten Platten und konnten damit auf die einzelnen Platten zugreifen. Die digitale Information wurde im Magnetfilm gespeichert, eine „0" unterschied sich dabei von einer „1" durch die magnetische Ausrichtung der Magnetpartikel im Magnetfilm. Das schnelle Rotieren der Platten und die radiale Ablenkung der Schreib-Lese-Arme erlaubten es, jede Position auf der Platte genau und schnell anzusteuern. Die einzelnen magnetischen Bits wurden dabei auf einen sogenannten

Track geschrieben, eine in sich geschlossene Spur, auf der die einzelnen Bits dicht nebeneinander liegen. Eine Platte ist voll von Spuren, die zentrisch angeordnet sehr nahe nebeneinander liegen. Mit dem radial beweglichen Arm des Schreib-Lese-Kopfes kann jede Spur angesteuert werden.

An diesem Grundprinzip hat sich bis heute wenig geändert. Im Betrieb drehen sich heutige Magnetplatten oder das gesamte Plattenpaket mit bis zu 10.000 Umdrehungen pro Sekunde, während der Schreib-Lese-Arm im Abstand von einigen 10 nm über die Plattenoberfläche fliegt. Die Produkte verwenden Pakete mit ein bis fünf Platten, von denen jede beidseitig gebraucht werden kann. Dadurch lassen sich auf einer 2,5-Zoll-Hard Disk, wie die Magnetplatte im Fachjargon genannt wird (auch als Hard Disk Drive oder kurz HDD bekannt), bis zu 100 GB speichern. Laptops, die heute vorwiegend diese 2,5-Zoll HDDs verwenden, verfügen somit über eine enorme Speicherkapazität.

Das Grundprinzip der Magnetplatten-Speichertechnologie ist in den letzten Jahren gleich geblieben. Die Erhöhung der Speicherdichte um ca. 7 Größenordnungen verdanken wir der Miniaturisierung der Schreib-Lese-Köpfe sowie der Optimierung der Magnetfilmschichten und der Glasträgerplatten. Die Magnetkorngrößen der Schichten betragen nur noch wenige Nanometer. Diese Schichten werden auf extrem flach polierte Trägerplatten aus Glas aufgebracht. Die Schreib-Lese-Köpfe fliegen im Abstand weniger Nanometer über die Platten. Dank dieser gewaltigen Verbesserung der Speicherdichte auf den heutigen Platten sind die Plattendurchmesser auf 0,8, 1, 2,5 und 3,5-Zoll geschrumpft und erzielen trotzdem eine wesentlich höhere Speicherkapazität als das riesige RAMAC-System im Jahre 1956.

Diese enorme Steigerung der Dichte schlug sich auch entsprechend in den Kosten nieder. Im Jahr 1956 kostete es 10.000 US-Dollar, um ein Megabyte auf dem RAMAC-System zu speichern. Heute kann dasselbe Megabyte für nur 0,30 US-Dollar auf einer Platte gespeichert werden.

Daten, die auf heutigen HDDs gespeichert werden, haben eine garantierte Lebensdauer von mindestens zehn Jahren und können mit einer Fehlergenauigkeit von bis zu 10^{-13} gelesen werden, was bedeutet, dass höchstens jedes trilliardste Bit falsch gelesen wird. Allerdings erschweren die Größe von HDDs und ihre Vibrationsempfindlichkeit deren Einsatz in mobilen Geräten.

Die Speicherdichte von HDDs ist so groß, weil die einzelnen Bits durch ein und denselben Schreib-Lese-Kopf angesteuert werden können und somit kein zusätzlicher Platz auf der Platte selbst verschwendet werden muss, wie dies zum Beispiel bei Halbleiter-Speicherchips notwendig ist. Daten einer Datei können mit Raten von einigen 100 Mbit/s gelesen und geschrieben werden. Die durchschnittlichen Zugriffszeiten zu den einzelnen Dateien bewegen sich im Bereich von Millisekunden (Tausendstelsekunden). Die Speicherdichte neuester HDDs liegt bei 50–100 Gigabit pro Quadratzoll bzw. bei 8–16 Gigabit pro Quadratzentimeter.

Eine ähnlich rasante Entwicklung fand im Bereich der *Silicium-Halbleiter-Speicher* statt. Diese werden im Fachjargon als Memory-Chips bezeichnet. Ihre heutzutage am weitesten verbreitete Form ist das sogenannte Flash Memory oder die Flash Card. Die Erfindung des Transistors im Jahre 1947 und der integrierten Schaltkreise im Jahre 1958 haben die Basis für den Durchbruch der Computertechnik gelegt. Die Möglichkeit, elektronische Komponenten (Transistoren) und Schaltkreise in sehr großer Anzahl auf einem Siliciumplättchen (Chip) zu integrieren und sehr billig herzustellen, hat die Informationstechnologie revolutioniert. Mittels Fotolithografie werden die Schaltkreis-Muster der Chips auf riesige Siliciumscheiben (sogenannte Wafer) von bis zu 300 mm Durchmesser projiziert. Der Wafer ist mit einem lichtempfindlichen Fotolack beschichtet, ähnlich dem Film in der analogen Fotokamera. Diejenigen Stellen des

Fotolacks, die durch die Maske belichtet werden, lassen sich anschließend in einem Entwicklerbad weglösen. Damit hat man den Chip-Layout auf dem Wafer abgebildet. An den Stellen, an denen der Fotolack weggelöst wurde, kann man Materialien deponieren, entfernen oder modifizieren, um die gewünschten Bauelemente herzustellen.

Diese Schritte werden mehrmals nacheinander mit verschiedenen, sich überlagernden Fotomasken auf dem Wafer wiederholt, bis die gewünschten elektronischen Schaltkreise gefertigt sind. Die Materialien, die dabei aufgebracht oder weggelöst werden, sind Silicium als das Basiselement, Metalle wie Kupfer als elektrische Verbindungen oder elektrisch nichtleitende Materialien zur Isolation. Der einzelne Transistor ist dabei das aktive und wichtigste Bauelement. Mit diesen Fotolithografieverfahren werden heute viele Millionen von Transistoren auf einem winzigen Siliciumplättchen von 1–2 cm Kantenlänge integriert. Ungefähr alle drei Jahre verdoppelt sich die Anzahl der Transistoren, die pro Chipfläche hergestellt werden können, bei gleichen oder sogar sinkenden Kosten.

Als Speicherelement dient die sogenannte Ein-Transistorzelle. Die eigentliche Speicherung der digitalen Information findet in einer Isolationsschicht (Silicium-Oxide) unter der Transistor-Steuerelektrode (Gate) statt, in der die elektrische Ladung dank der sehr guten elektrischen Isolation gefangen gehalten wird. Zwei verschiedene Ladungsmengen bestimmen den Zustand des gespeicherten Bits („0“ oder „1“).

Der Transistor dient als Ein/Aus-Schalter, um die Ladung zu speichern oder auszulesen. Auf einem Chip sind Millionen solcher Speicherzellen in einem Koordinatennetz (Crossbar) angeordnet und verbunden. In jedem X/Y-Kreuzpunkt sitzt eine solche Speicherzelle, die einzeln angesteuert werden kann. Unsere heutigen Flash Memories sind nach diesem Prinzip gebaut, und die Transistorschalter können so gut isoliert werden, dass die elektrische Ladung einige Jahre in der Isolationsschicht verbleibt und immer noch fehlerfrei gelesen werden kann. In jüngster Zeit bietet der Markt bereits Flash Cards mit einer Speicherkapazität von mehreren Gigabyte für weniger als 100 Euro an. Die Speicherdichte eines Flash-Chips liegt heute bei 1–2 Gigabit pro Quadratzentimeter.

Allerdings werden die physikalischen Grenzen der Fotolithografieverfahren in den nächsten Jahren eine weitere Verbesserung der Speicherdichte verteuern, verlangsamen oder möglicherweise ganz einschränken.

Zu Beginn der 80er Jahre erfand ein Team unter der Leitung von Gerd Binnig und Heinrich Rohrer am IBM-Forschungslabor in Zürich das sogenannte *Raster-Tunnel-Mikroskop* (RTM – oder auf Englisch: Scanning Tunneling Microscope – STM) – ein neues, revolutionäres Mikroskop, das erstmals und auf einfache Weise Einblick in die Welt der Atome und Moleküle ermöglichte. Es arbeitet ganz anders als die herkömmlichen optischen Mikroskope: Beim RTM wird eine ultrafeine Sonde (Spitze) zeilenweise über die zu untersuchende Oberfläche geführt und tastet sie ab, ohne sie zu berühren. Wird zwischen der leitenden Spitze und der ebenfalls leitenden Oberfläche eine Spannung angelegt, beginnt, wenn die Spitze ganz nah an die Oberfläche kommt, ein Strom zu fließen, der sogenannte Tunnelstrom. Dieser Strom fließt zwischen Spitze und Oberfläche, obwohl die beiden sich nicht berühren, „Tunnel-Effekt" nennen das die Physiker, weil die Elektronen eine eigentlich unüberwindbare Hürde (eine Energiebarriere) gleichsam „durchtunneln". Die „Tunnel-Stromstärke" ist eine Größe, die direkt an den Abstand zwischen der Spitze und der Oberfläche gekoppelt ist. Man hat damit eine Messgröße, die es technisch ermöglicht, diesen Abstand konstant zu halten und mit sehr hoher Genauigkeit zu kontrollieren. Die Variationen dieses Stromes geben Aufschluss über die innere Struktur der Oberfläche und über ihr Höhenrelief. Ein Computer setzt die einzelnen Messlinien der rasterförmigen Abtastung zu einer detaillierten Karte der Probenoberfläche zusammen. Für diese bahnbrechende Erfindung wurden Gerd Binnig und Heinrich Rohrer im Jahre 1986 mit dem Nobelpreis für Physik ausgezeichnet.

Das RTM hat allerdings den Nachteil, dass seine Anwendung auf elektrisch leitende Oberflächen begrenzt ist. Diesen Nachteil behob das *Raster-Kraft-Mikroskop* (Atomic Force Microscope – AFM), das Gerd Binnig 1986 erfunden und zusammen mit Cal Quate und Christoph Gerber entwickelt hat. Beim AFM ist die scharfe Spitze auf einen weichen Federbalken (englisch: Cantilever) aufgesetzt. Weil kein Strom fließt, muss diese Spitze auch nicht leitend sein. Anstelle des Stromes misst man beim AFM die Kraft (daher der Name), welche Atome an der Oberfläche auf die Spitze und den Cantilever ausüben. Diese Kräfte, obwohl winzig klein, bewirken, dass sich der Cantilever biegt. Die Spitze kann dabei die Oberfläche berühren oder so nahe an der Oberfläche sein, dass sie sich schon im Einflussbereich der atomaren Kräfte befindet. Die Verbiegung des Cantilevers wird mit einem auf den Balken fokussierten Laserstrahl und einer Fotodiode als Detektor höchst genau gemessen. Durch das Abrastern der Oberfläche wie beim STM und das gleichzeitige Vermessen der Verbiegung des Cantilevers können die einzelnen Messpunkte im Computer als topografische Landkarte mit sub-nanometer-genauen Höhenkurven abgebildet werden. Das Abbilden einzelner Atome oder Moleküle ist mit heutigen AFM-Mikroskopen Routine.

Die Rastersonden-Techniken gehören heute zu den Standardtechniken in den Nanowissenschaften und der Nanotechnologie. Mit ihnen werden nicht nur Proben auf atomarer Ebene untersucht, sondern auch Strukturen aus einzelnen Atomen konstruiert. Heute findet man AFM-Instrumente in sehr vielen Laboratorien und Fertigungsstätten, und sie sind in der Zwischenzeit auch sehr benutzerfreundlich geworden und einfach zu bedienen, ähnlich wie optische Mikroskope.

Im Jahre 1994 haben sich dann Gerd Binnig, Heinrich Rohrer

und Peter Vettiger am IBM-Forschungslabor in Zürich (Rüschlikon) zusammengesetzt und darüber nachgedacht, wie man mittels der Rastersonden-Technik *sehr hohe Speicherdichten* und gleichzeitig *hohe Schreib-Lese-Raten* realisieren könnte. Einerseits fanden wir die Idee einer Polymerschicht als Datenträger sehr interessant, weil eine solche Schicht äußerst einfach und billig in der Herstellung ist und bei der CD (Polycarbonat-Schicht) auch bereits erfolgreich und in großem Umfang angewendet wurde. In vielen angeregten und interessanten Diskussionen entstand damals der Gedanke, die Bits mittels der Rastersonden-Spitze direkt in das Polymer einzuprägen (einzuschreiben) und nachher mit denselben Sonden diese Informationen mittels AFM-Technik auch wieder zerstörungsfrei auszulesen. Wir wussten zwar noch nicht, wie man die Informationen in der Polymerschicht auch wieder löschen und neu schreiben könnte, doch die Grundidee schien uns Erfolg versprechend. In der Zwischenzeit konnte auch das Problem des Löschens und Wiederbeschreibens der Daten gelöst werden (dazu später).

Das Problem der niedrigen Datenrate einer einzelnen Sonde wollten wir mit einem Schreib-Lese-Kopf aus Tausenden oder gar Millionen von Rastersonden, die parallel betrieben werden, beheben. Dies bedeutete allerdings, dass Tausende von AFM-Sonden auf einem kleinen Silicium-Schreib-Lese-Chip integriert werden mussten. Diese vielen Rastersonden, die gleichzeitig in die Polymerschicht Bits schreiben oder lesen, ähneln in gewisser Weise einem *Tausendfüßler*, der mit sehr vielen Füßen gleichzeitig in Berührung mit der Oberfläche ist und sich damit sehr gut und effizient fortbewegen kann, selbst wenn die Oberfläche sehr hügelig ist. In Analogie zu den vielen Füßen des wirklichen Tausendfüßlers bewegen sich bei unserem Chip die Tausende von Spitzen über die Oberfläche.

Eine weitere Analogie unseres Konzeptes besteht zur *Lochkarte*, die vor 40–50 Jahren als Datenträger verwendet wurde. Dabei wurde die digitale Information in Kartonkarten oder Papierstreifen eingelocht und abgespeichert. Ein Loch an einer bestimmten Stelle bedeutete zum Beispiel eine „1", kein Loch eine „0". Die so gespeicherte Information wurde durch einen optischen Lochkartenleser ausgelesen. Die eingeprägten Vertiefungen in der Polymerschicht des Tausendfüßlers erinnern dabei an die Löcher in den Lochkarten. Allerdings kann der heutige Tausendfüßler, ca. 50 Jahre später, etwa 25 Milliarden Mal dichter Daten speichern als die alte Lochkarte (6 bits/cm² vs 160 Gbit/cm²), und zudem kann er die Löcher auch wieder löschen (auffüllen). Trotzdem kann man sagen: Die alte Lochkarte ist wieder entdeckt worden – als Nano-Lochkarte!

Die größte Herausforderung war die Herstellung und der parallele Betrieb des Schreib-Lese-Chips mit den Tausenden von Sonden. Trotz dieser Hürden hat das Management unseren Projektvorschlag unterstützt, und so konnten wir Anfang 1995 mit einem kleinen Team von fünf Leuten unser visionäres und schwieriges „Tausendfüßler"-Forschungsprojekt starten.

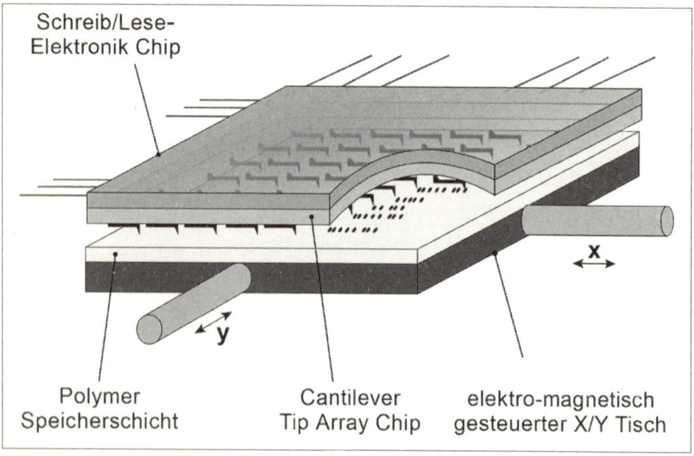

Abb. 1

Das Konzept des „Tausendfüßler"-Speichersystems ist in Abb. 1 dargestellt. Es besteht aus einem kleinen, mikromechanischen

X/Y-Tisch, auf dessen Oberfläche eine hauchdünne Polymerschicht aufgetragen ist. Der Tisch kann mittels zweier elektromagnetischer Aktuierungen (bestehend aus sehr kleinen Magneten und Spulen) mit hoher Präzision in die X- und die Y-Richtung bewegt werden. Über diesem X/Y-Tisch sitzt der Schreib-Lese-Chip mit einer zweidimensionalen Anordnung der Tausenden von AFM-Einheiten. Die einzelnen AFM-Spitzen werden in sehr geringem Abstand über der Polymerschicht gehalten. Ein weiterer Siliciumchip mit zweidimensionalen elektronischen Schreib-Lese-Schaltkreisen ist direkt vertikal mit den Cantilevern verbunden. Dadurch kann jeder Cantilever individuell betrieben werden, alle zweidimensionalen Cantilever können parallel angesteuert werden.

Beim Schreibvorgang wird ein kurzer Stromimpuls an die beiden Arme des Cantilevers gelegt. Die Plattform am Cantileverende mit der Spitze weist eine niedrigere elektrische Leitfähigkeit auf als die beiden Arme, die zur Plattform führen. Der in der Schleife fließende Strom heizt deshalb die Plattform und die daraufsitzende Spitze auf. Die Polymerschicht unterhalb der Plattform wird bei diesem Vorgang etwas weicher, so dass die Spitze beim Anlegen einer kleinen Kraft leicht in das Polymer eindringen kann. Dadurch entsteht eine Vertiefung von einigen Nanometern Durchmesser, die ein genaues Abbild der Spitze ist. Unsere mit speziell verfeinerten Mikrofabrikationsverfahren hergestellten Spitzen haben einen Durchmesser von ca. 10 Nanometern. Die von diesen Spitzen „geschriebenen" Vertiefungen haben einen Durchmesser von 10–20 Nanometern. Verändert man nun die Betriebsbedingungen, kann der gleiche Cantilever zum Lesen der Daten verwendet werden. Dazu wird wieder ein kurzer Stromimpuls an die beiden Arme angelegt. In diesem Fall ist der Strom jedoch wesentlich geringer als beim Schreibvorgang, so dass sich Plattform und Spitze weniger stark erwärmen. Während sich die Spitze durch das zeilenweise Abrastern in einer Berg- und Talbewegung über die Oberfläche bewegt, kühlt sich die Plattform jeweils stärker ab, wenn sich die Spitze in einer Vertiefung befindet. Durch diese Abkühlung reduziert sich auch der elektrische Widerstand, der an den beiden Armenden gemessen werden kann.

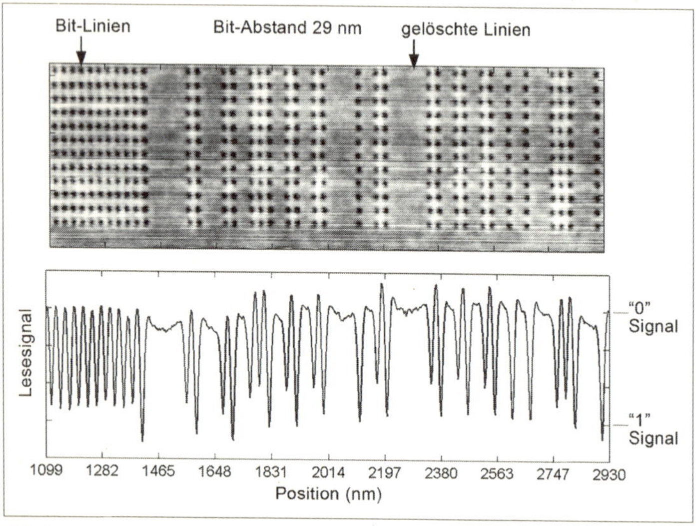

Abb. 2

Abb. 2 zeigt ein Beispiel von Daten, die in einen Polymerfilm geschrieben und wieder gelesen wurden. In diesem Fall sind die Vertiefungen etwa 10 nm tief und die Zwischenräume 29 nm breit, was einer Speicherdichte von 120 Gbit pro Quadratzentimeter oder 1 Tbit pro Quadratzoll entspricht. Diese Speicherdichten wurden sogar bei Schreib- und Lesefehlerbedingungen erfüllt, die den Anforderung der heutigen Magnetplattenspeicherprodukte entsprechen.

Als Benutzer von PCs und mobilen Geräten wie Handys oder MP3-Playern wissen wir, dass hin und wieder auch Daten gelöscht werden müssen, sei es, weil sie nicht mehr aktuell sind, oder um Platz für neue Daten zu schaffen. Von der CD wissen wir, dass einmal eingeprägte Daten nicht gelöscht und somit die CD nicht neu beschrieben werden kann. Und wie sieht das nun bei unserem neuen Speicherkonzept, dem Tausendfüßler, aus? Wie können wir die einmal geschriebenen Daten, d.h. die durch das thermomechanische Schreiben eingeprägten Vertiefungen, wieder löschen?

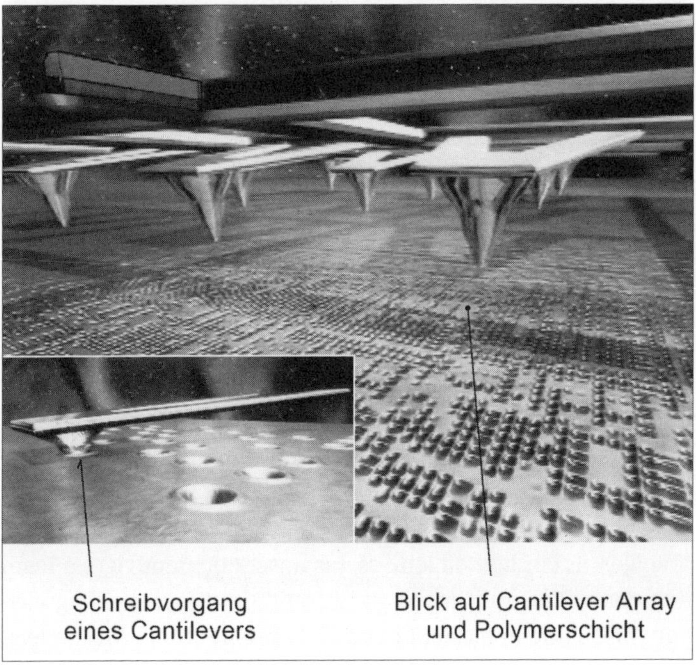

Abb. 3

In vielen Versuchen haben wir entdeckt, dass, wenn man mit der geheizten Spitze sehr nahe, also viel näher als beim Schreiben, an eine bereits geschriebene Vertiefung herankommt und dann ein „falsches“ Bit schreibt, die ursprüngliche erste Vertiefung verschwindet. Der Polymerkrater am Rande des ursprünglichen Bits (siehe Ausschnitt in Abb. 3) füllt dabei die Vertiefung wieder auf. Führt man diesen Vorgang innerhalb einer Datenlinie bei jedem Bit fort, werden alle Bits gelöscht. Allerdings muss am Ende der Linie eine zusätzliche, falsche Vertiefung erzeugt werden, um auch das allerletzte richtige Bit zu löschen. „Schreibt“ man nun beim Löschen bis zu fünfmal enger als bei wirklichem Schreiben, so lassen sich ganze Linien und Datenfelder sehr selektiv löschen, und es bleibt nur eine sehr kleine Rauigkeit der Oberfläche zurück. Dieser Vorgang des Löschens und Wiederbeschreibens kann sehr oft wiederholt werden, ohne dass das Polymer Schaden nimmt. Um in einem Produkt verwendet werden zu können, sollte ein Speichermedium mindestens 100.000-mal lösch- und wieder beschreibbar sein.

Eine der großen Herausforderungen unserer „Tausendfüßler“-Idee war die Herstellung eines Chips mit Tausenden von Cantilevern und Spitzen. Dabei konnten wir uns nur auf wenige Erfahrungen anderer Forscher stützen: Niemand zuvor hatte die Vision eines winzigen, nur wenige Millimeter großen Chips mit Tausenden oder eines Tages vielleicht sogar Millionen von Cantilevern und Spitzen gehabt. So gab es denn auch einige „Experten“, die diese Vision als nicht oder nur sehr schwer umsetzbar einstuften.

Weniger als ein Jahr dauerte es, bis unser hochmotiviertes Team den ersten Chip mit mehr als tausend Cantilevern erfolgreich entworfen und hergestellt hatte. Es war eine wahre Meisterleistung der Mikro- und Nanofabrikation. Erstmals hatte ein Forschungsteam mehr als tausend Kraftmikroskope auf einer winzigen Chipfläche von 3 x 3 mm hergestellt. Im Zürcher IBM-Forschungslabor, der Geburtsstätte der Rastersonden-Technik, wurde ein weiterer Meilenstein der Nanotechnologie gesetzt. Weltweit berichteten die Medien über unseren Erfolg. Der nächste Meilenstein, den wir uns zum Jahresende 2000 gesetzt hatten, war der parallele Schreib-Lese-Betrieb des Cantilever-Chips, eine ebenso große Herausforderung wie die Herstellung. Sehr viel experimentelles Geschick, Können und Know-how waren nötig, um die 1024 Cantilever kontrolliert anzusteuern. Nur wenige Tage vor Jahresende ist es uns dann erstmals gelungen, parallel und mit 1024 geheizten Spitzen kleinste Vertiefungen in die Polymerschicht einzuprägen und diese auch wieder auszulesen.

Die Grundgedanken des Konzeptes waren damit erfolgreich demonstriert. Nochmals setzte eine Welle der Begeisterung und Freude über das Erreichte ein. Die Wissenschaft, die Speicherindustrie, Presse, Radio und Fernsehen, alle wollten von uns erfahren, wann denn diese neue, revolutionäre Speichertechnologie in Produkten erhältlich sein werde. Uns Forschern war bewusst, dass wir „nur“ die prinzipielle Funktionalität des Konzeptes, aber noch lange nicht deren Tauglichkeit als Produkt demonstriert hatten. Im Detail weniger bewusst war uns aber, dass es noch sehr viel Kreativität, Aufwand und Zeit und vor allem auch gutes Teamwork erfordern würde, bis Detaillösungen mit Anwendungstauglichkeit für alle noch offenen Probleme gefunden sein würden und damit ein wirkliches Speichersystem mit allen notwendigen Funktionen würde präsentiert werden können. Da darf man es als Geschenk oder auch als Glück sehen, dass in unserem Zürcher Forschungslabor eine Gruppe von Wissenschaftlern um Evangelos Eleftheriou sich seit Jahren sehr erfolgreich mit Systemfragen und Signalverarbeitung für Magnetplattenspeicher beschäftigt hat. Deren Ideen und Arbeiten werden heute in vielen HDD-Produkten angewendet. Sehr schnell hatten sich unsere beiden Teams gefunden, und wir beschlossen eine Zusammenarbeit zur Entwicklung eines kleinen, aber kompletten Speichersystem-Prototypen.

Die Ideen und Grundlagen, die wir uns bis dahin erarbeitet hatten, genügten den Ansprüchen eines kompletten Speichersystems noch nicht. Selbst wenn Information auf kleinstem Raum gespeichert werden kann, stellt sich die nicht leichte Aufgabe, diese Information auch wieder am richtigen Ort innerhalb des Systems zu finden. Wenn der Benutzer eines Speichersystems sich eine Datei anschauen oder ändern will, müssen alle Bits dieser Datei mit Nanometerpräzision angesteuert und mit höchster Genauigkeit gelesen werden können, damit ein fehlerfreies Lesen garantiert werden kann. Ein nanometer-genaues Navigationssystem ist also eine absolute Notwendigkeit. Konkret bedeutet dies, dass der X/Y-Tisch mit der Polymerspeicherschicht gegenüber dem feststehenden Schreib-Lese-Chip mit den Tausenden von Spitzen in X- und Y-Richtung 100 Mikrometer bewegt werden muss. Neben der hohen Genauigkeit ist es auch wichtig, dass dies mit höchster Geschwindigkeit erfolgt, damit jeder Speicherplatz innerhalb eines Speicherfeldes möglichst schnell angesteuert werden kann. Dank der sehr kleinen Dimensionen und der Masse des aus Silicium hergestellten X/Y-Tisches und des schnell arbeitenden Navigationssystems könnte dies in ca. 1/100 Sekunde gelingen. Das Navigationssystem kann dabei auf die Unterstützung hochpräziser Positionssensoren sowie speziell hergestellter Markierungen im Polymer zählen, deren Position mit entsprechenden Cantilevern und Spitzen laufend vermessen wird. Zu jedem Zeitpunkt geben die beiden Sensoren dem System die Abweichung der Tischposition in X und Y von der Sollposition bekannt, so dass der Tisch sehr genau in die Sollposition gefahren werden kann. Der Entwurf des Tisches ist auch speziell darauf ausgelegt, dass er Vibrationen im Betrieb reduziert und kompensiert.

Das gleichzeitige Betreiben sehr vieler Cantilever erfordert, dass jeder Cantilever seine eigene Schreib-Lese-Elektronik besitzt. Die Verbindung des mikromechanischen Cantilever-Chips mit dem elektronischen Schreib-Lese-Chip wollen wir durch eine neue vertikale Verbindungstechnik erreichen: Der Elektronikchip erhält auf einer zweiten Etage den mikromechanischen Chip aufgesetzt. Ein speziell programmierter Mikroprozessor kontrolliert und steuert den gesamten Ablauf des Lesens und Schreibens und der Bewegungen des X/Y-Tisches sowie der Kommunikation mit der Außenwelt. Mit dem kleinen Speicherprototypen wurde die komplette Funktionalität eines Speichersystems für eine mobile Anwendung demonstriert. Obwohl im heutigen experimentellen Prototypen nur acht der insgesamt 4096 Cantilever parallel angesteuert werden können, ist er kompatibel zu heutigen Flash Cards, könnte diese ersetzen und kann bei gleicher Größe mehr Speicherkapazität anbieten – was eben seine Attraktivität ausmacht.

Das Team hat also in ca. zehn Jahren Forschungsarbeit den langen Weg von einer ersten Idee bis hin zu einem funktionsfähigen Speicher-Prototypen durchmessen. Eine wirklich tolle Leistung, auf die wir zu Recht stolz sind.

Es müssen nun noch viele weitere Detailverbesserungen erreicht werden. Die Hersteller von verschiedensten mobilen Geräten, die Hauptkunden eines möglichen Speichersystems, fordern zum Beispiel fehlerfreien Betrieb bei schwierigsten Bedingungen, wie bei -10 bis +80° C Umgebungstemperatur sowie bei Vibrations- und Schockeinflüssen. Die Lebensdauer der gespeicherten Daten sollte zehn Jahre betragen, das Speichermedium sollte 100.000–1.000.000 mal wiederbeschreibbar sein usw.

Diese und andere Aufgaben werden zurzeit von unserem Team bearbeitet. Eine weitere große Herausforderung ist natürlich die Herstellung eines Speichersystems in millionenfacher Stückzahl. Silicium-Halbleiter-Fabrikationsprozesse müssen von unserem Forschungslabor in eine Produktionslinie transferiert werden, sodass diese Chips mit sehr großer Ausbeute und in riesigen Stückzahlen kostengünstig gefertigt werden können.

Nach heutigem Wissensstand und wenn es keine negativen Überraschungen gibt, sollte es eines Tages möglich sein, 20 GB oder sogar mehr Speicherkapazität im kleinsten Flash-Card-Format von 24 x 32 x 2,1 mm anzubieten. Das Potenzial ist vorhanden, dass diese Speicherkapazität mit der Zeit auch noch erhöht werden kann.

Das Prinzip des Tausendfüßlers, mit Tausenden Spitzen gleichzeitig Daten zu speichern oder auszulesen, ist grundsätzlich skalierbar, also auch noch in weitaus kleineren Maßstäben denkbar. Das heißt, es beinhaltet die Möglichkeit, in sehr ferner Zukunft die Speicherung von Informationen selbst in einigen wenigen oder sogar einzelnen Atomen und Molekülen durchzuführen – immer nach „Tausendfüßlerart", also an Tausenden von Stellen gleichzeitig. Wenn es gelänge, einzelne Atome oder Moleküle zu modifizieren, diese Modifikationen zu lesen und sie nachher sogar wieder rückgängig zu machen, wäre die Grundlage zu einer atomaren oder molekularen Speichertechnologie geschaffen. Wenn man die Informationen jeweils in einem einzelnen Atom oder Molekül speichern könnte, ergäbe sich eine Speicherdichte von ca. 160 Tbit/cm^2. Das wäre ca. 1000 mal mehr, als wir mit heutigen Konzepten erreicht haben.

Derartige Überlegungen bedeuten: Wir sind überzeugt, dass die hohe Speicherdichte und deren Verbesserungspotenzial, die billigen Halbleiterchip-Herstellungsverfahren und die attraktiven Speicherkosten gute Voraussetzungen für ständig neue Leistungssteigerungen unseres Tausendfüßlers sein können, so dass wir ihm noch eine große Zukunft voraussagen.

Gesünder und länger leben?

Andreas Martens, Axel Haverich

Es ist früher Morgen, als der 50-jährige Patient den Fahrstuhl verlässt und mit zielstrebigen Schritten auf die automatische Tür mit der Aufschrift „Medizinische Abteilung" zugeht. Ein kurzer Ton aus einer Konsole neben der Tür signalisiert, dass der athletische, aber leider glatzköpfige Herr sofort erkannt wurde. Die Türen öffnen sich mit einem leisen Zischen. Die Körperhaltung und das blasse Gesicht des Mannes lassen vermuten, dass etwas nicht stimmt. Daher begrüßt ihn die Sprechstundenhilfe auch mit den Worten: „Sie sehen heute aber nicht gut aus!" Der Mann beantwortet diese Beleidigung mit einem ohrenbetäubenden Hustenanfall, während dessen seine Kopfschmerzen zu einem unerträglichen Hämmern anschwellen. Die Sprechstundenhilfe hat ein Einsehen mit dem Leidenden und drückt ein paar Knöpfe auf der bunt leuchtenden Konsole vor ihr. Der Patient verabschiedet sich mit einem letzten bellenden Geräusch in das nächste Untersuchungszimmer. Die Ärztin, die hier ihren Dienst tut, erkennt ihren Kollegen sofort und eröffnet das Gespräch mit den Worten: „Was? Sie krank?" Ihrem Gegenüber ist sein Zustand sichtlich peinlich. „Hinsetzen." Er gehorcht und lässt sich auf eine gläserne Pritsche nieder, an der allerlei Lichter blinken. Sie mustert ihn für einen Moment. „Subfebrile Temperaturen, Schnupfen, Husten, allgemeines Unwohlsein, wahrscheinlich Kopfschmerzen? Richtig?" Er schafft ein kurzes Nicken, bevor ihn der nächste Hustenanfall schüttelt. Die Ärztin greift in ihre Hosentasche und bringt ein kleines Gerät von der Größe eines Handys zum Vorschein. Aus diesem zieht sie einen kleinen Stift, an dessen Ende sofort eine LED-Leuchte zu blinken beginnt. Der schweigsame Patient kennt das Procedere und öffnet bereitwillig den Mund. „Ahhhrg!" hört man, als die Sonde auf seine Zunge gedrückt wird. In der Hand der Ärztin belebt sich das kleine handyforme Ding, und auf einem Display erscheinen erste Zahlen und Begriffe. Die Frau bewegt die Sonde, und die Begriffe verändern ihre Reihenfolge. Nach 15 Sekunden ertönt ein schrilles Piepen, und die Begriffe verändern ihre Position nicht mehr. Der oberste blinkt rot. „Die üblichen Verdächtigen!", nuschelt die Medizinerin, während sie einen Code in einen benachbarten Computer eingibt. Erneutes Bestätigungspiepen ertönt. Ein kleines Schubfach öffnet sich und bringt einen kleinen Apparat zum Vorschein. Sie hält das Ding ihrem Patienten hin, der nicht zögert, das Gerät zum Mund führt und zweimal tief inhaliert. Dann reicht er es wortlos zurück. Die Ärztin wartet weitere 30 Sekunden, und die ursprüngliche Untersuchung mit dem blinkenden Diagnosegerät und der Sonde im Stecknadelformat wird wiederholt. Es erscheinen die gleichen biologischen Begriffe auf dem Display. Bis auf einen. Die Begriffe verändern ihre Reihenfolge. Nach 15 Sekunden ein erneutes Piepen, diesmal nicht so schrill. Dr. Beverly Crusher mustert das Ergebnis. Die oberste Zeile leuchtet grün, der ursprünglich rote Begriff ist in der kompletten Liste von ca. 1000 verschiedenen Viren und Bakterien, die das Gerät in den Schleimhäuten von Captain Jean-Luc Picard entdeckt hat, nicht mehr zu finden. „Wie fühlen Sie sich?" – „Besser. Ich danke Ihnen." 10 Minuten später betritt der Captain die Brücke des Schiffes und begrüßt seinen ersten Offizier. „Guten Morgen, Nummer Eins." Kopfschmerzen, Husten und Fieber haben sich im Fahrstuhl bereits in Wohlgefallen aufgelöst. Ein leichtes Kribbeln in der Nase signalisiert ihm, dass die Reste der Nanopartikel in seiner Mund-, Rachen- und Nasenschleimhaut dabei sind, sich aufzulösen. Wir schreiben das Jahr 2372, Sternzeit 49827,5 auf dem frisch in Betrieb genommenen Raumschiff Enterprise E der Sternenflotte der Föderation.

Sie halten dieses Szenario für unrealistisch? Richtig. Auf der Enterprise des 24. Jahrhunderts wird dank Nanotechnik sicherlich nicht eine menschenpathogene Mikrobe unerkannt bleiben und überleben, um den Captain mit einem gewöhnlichen grippalen Infekt von seiner wertvollen Arbeit abzuhalten.

Diese kleine einleitende Geschichte könnte übrigens von Robert A. Freitas stammen, der in seinem Buch *Nanomedicine* eine ganz ähnliche Anekdote beschreibt, natürlich – wie in wissenschaftlichen Kreisen üblich – mit einer ganzen Menge Begriffe, die sich so wichtig anhören, als wären sie schon seit langem Alltagsrealität. Da ist die Rede von Milliarden von „nanoskaligen molekularen Analyserezeptoren“, die an der Spitze der oben beschriebenen Sonde an „eigenbeweglichen retraktilen Armen“ unaufhörlich in die Schleimhaut des Patienten geschossen werden und dort alle Mikroben anhand spezieller Merkmale identifzieren und das Ergebnis an das „Analyse-Handy“ weiterleiten. Diese Arme sind so klein, dass sie weder mit dem bloßen Auge gesehen werden können noch dem Patienten Schmerzen verursachen. Sie sind eben „nano“.

Gleiches gilt für die Partikel, die Captain Picard zur Beseitigung des identifizierten „Bösewichts“ inhaliert. Sie enthalten kleine Nanoroboter, die genau auf die gefundene Mikrobe programmiert sind und diese in jeder Zelle des Körpers in Minuten aufspüren und vernichten können. Nach getaner Arbeit werden die Partikel durch ein Selbstzerstörungsprogramm aufgelöst oder mit einer anderen Nanomaschine aus dem Patienten entfernt, je nachdem, wie viel diese Wunderknirpse in ihrer Produktion gekostet haben.

Wir sind uns wohl einig, dass niemand von uns dieses Szenario je wird erleben dürfen. Man muss sich allerdings die Frage stellen, ob es denn überhaupt jemals möglich sein wird. Viele kluge Köpfe sagen, es sei nur noch eine Frage der Zeit. Andere ebenso kluge Köpfe sagen, wir stießen vorher an die Grenzen des physikalisch Machbaren.

Unzählige Genies haben sich zum Beispiel schon mit der Frage beschäftigt, ob das „Beamen", das die Mitarbeiter der Enterprise in Sekundenbruchteilen durch den Weltraum von A nach B und zurück befördert, nicht doch einmal Realität werden könnte.

Im letzten Jahrhundert fielen die Tempel von Abu Simbel in Ägypten einem der größten Bauprojekte der Geschichte zum Opfer, dem Assuan-Staudamm. Um das Ertrinken dieser großartigen Bauwerke zu verhindern, wurden sie zwischen 1964 und 1968 in 1036 Einzelteile zerschnitten und an sicherer Stelle wieder aufgebaut. Das „Beamen" wäre – arrogant betrachtet – ziemlich einfach. Man müsste nur das Gleiche mit dem Menschen im Nanomaßstab machen. Ein unvorstellbar leistungsfähiger Computertomograf, ähnlich denen, die heutzutage in fast jedem Krankenhauskeller ihren Dienst tun, würde ein atomar einhundertprozentig präzises Abbild eines Menschen einscannen. Die Datenmengen, die bei einer solchen Untersuchung verarbeitet werden müssten, wären für heutige Verhältnisse unvorstellbar, aber wozu haben wir schließlich die Nanotechnik? Wenn die Nanotechnologie dazu führt, dass es bei den derzeitigen Entwicklungsgeschwindigkeiten auf dem Prozessor- und Speichermodulsektor bleibt, dann wird sich das exakte Abbild eines Menschen in Zukunft in jedem USB-Stick herumtragen lassen. Wenn man dann noch eine Maschine erfindet, die die Fähigkeit besitzt, jedes Atom zu produzieren und genau zu positionieren, dann könnte man aus dem Speichersatz eines gescannten

Menschen an jeder Stelle des Universums dessen reales Abbild quasi im Legoprinzip zusammensetzen lassen. Das Beamen wäre keine Science Fiction mehr. Wir würden uns auf dem Weg zur Arbeit nicht mehr in überfüllte S-Bahnen zwängen müssen. Ein Knopfdruck, und man säße gleich nach dem Aufwachen frisch gereinigt, nanotechnisch rasiert und mit einem opulenten Frühstück ausgestattet am Arbeitsplatz. Freilich, ein derartiges Beamen ist ein in sich nicht ganz schlüssiges Konzept, denn: Bin ich es dann noch?

Auf gleiche Art und Weise ließen sich Krankheiten problemlos computergestützt identifizieren und nanotechnisch behandeln. Alle erkrankten Zellen eines Tumors beispielsweise könnte man schlicht „wegbeamen“. Der Mensch wäre formal unsterblich. Möglicher Wahnsinn oder wahnsinniger Blödsinn?

Was ist Realität in der Nanomedizin und was scheint in den nächsten 50 Jahren möglich? Wenn Sie einmal den Begriff „Nanomedicine“ googlen, dann werden Sie auf etwa die gleiche Anzahl an Treffern im World Wide Web stoßen, wie bei dem Wort „Küchenmaschine“. Zufall? Hat die Nanomedizin den menschlichen Alltag schon erreicht? Oder lassen wir uns mal wieder durch einen neuen Trendbegriff zum Narren halten?

Zur Beantwortung dieser Frage sollte man zunächst eine einigermaßen einfache, aber umfassende Definition des Begriffs „Nanomedizin“ finden, etwa die von Robert A. Freitas, der in einem Artikel im Juli 2002 dazu sinngemäß Folgendes schrieb: „Nanomedizin ist der Prozess der Diagnostik, Therapie und Prävention von Krankheiten und Verletzungen, der Linderung von Schmerz und der Erhaltung und Verbesserung der Gesundheit mit Hilfe von molekularen Werkzeugen und molekularem Wissen über den menschlichen Körper.“ Gemeint ist aber nicht nur das Verständnis der menschlichen Physiologie auf molekularer

Ebene im Sinne von Stoffwechselprozessen, sondern auch die *zielgerichtete* Manipulation menschlicher Organe, Zellen und Zellbestandteile auf molekularer Ebene. Die Betonung auf „zielgerichtet“ bedeutet, dass wir es zumindest im heutigen medizinischen Alltagsgeschäft nicht mit Nanomedizin zu tun haben. Stellen Sie sich dazu die obige Geschichte im Jahr 2006 vor:

Sie schleppen sich mit Fieber, Schnupfen, Husten und enormen Kopfschmerzen zu Ihrem Hausarzt und hoffen auf schnelle und kompetente Hilfe. Der freundliche Kollege diagnostiziert einen grippalen Infekt und kann zumindest in dieser Hinsicht mit Frau Crusher von der Enterprise mithalten. Dann verlassen ihn seine Nanokräfte. Den Keim kann er nicht identifizieren. Es wird wahrscheinlich ein Virus sein, eventuell begleitet von einer bakteriellen Infektion der strapazierten Schleimhäute. Zur Linderung der Symptome erhalten Sie ein fiebersenkendes Schmerzmittel, ein Nasenspray und eine Familienpackung Taschentücher. Sie werden dazu angehalten, mit einer Auswahl ätherischer Öle zu inhalieren, und um Ihnen das Gefühl zu vermitteln, dass die Medizin auch gezielt den Keim beseitigen könne, erhalten Sie ein Breitspektrumantibiotikum. Sie beginnen mit der Behandlung direkt nach dem Verlassen der Apotheke. Das Schmerzmittel und das Antibiotikum verteilen sich nach einer halben Stunde in Abhängigkeit vom Blutfluss überall in Ihren Organen. Von der linken Großzehe bis zum rechten Ohrläppchen bekommt jede Körperzelle ihren Anteil ab. Das führt zumindest zu einer Linderung Ihrer Kopfschmerzen, dank Placeboeffekt sogar schon fünf Minuten nach Einnahme der Tabletten. Das Fieber sinkt nach etwa ein bis zwei Stunden, Sie fühlen sich deutlich besser. Das Antibiotikum rafft indessen ein Drittel ihrer Darmflora dahin und beschert ihnen tags darauf einen unangenehmen Durchfall. Es kommt ein Durchfallmedikament hinzu. Alle anderen Keime in Ihrem Darm sind resistent oder werden es bald sein. Das Virus, das sich in den Schleimhäuten Ihrer

Atemwege breit gemacht hat, bleibt unangetastet. Ihr Immunsystem gewinnt allerdings nach einigen Tagen die Oberhand über den Eindringling, und Sie erholen sich zusehends. Dr. Eckhard von Hirschhausen, Kabarettist und promovierter Arzt, würde sagen: Ohne Tabletten dauert es eine Woche, mit Tabletten sieben Tage. Man könnte meinen, die Nanomedizin ist Lichtjahre entfernt.

Keineswegs! Die Schnittmengen von Computertechnologie, Gentechnik, biomedizinischer Forschung und Nanotechnologie sind enorm und haben dazu geführt, dass alltagstaugliche Produkte in der Medizin vielleicht sogar schneller zur Realität werden als in den meisten anderen Branchen, die auf den schnellen Einstieg in ein neues Nano-Zeitalter hoffen. Investoren, Politiker und Wissenschaftler wittern einen neuen milliardenschweren Markt, und Regierungen unterstützen die nanomedizinische Grundlagenforschung in Millionenhöhe.

Was die Nanomedizin heute schon leistet und in naher Zukunft vielleicht leisten kann, soll im Folgenden vorgestellt werden. Inhaltlich lassen sich dabei die Bereiche „biomedizinische Nanoanalytik" (= Diagnostik), „Drug Delivery" (= medikamentöse Therapie) sowie „Tissue Engineering und Biokompatibilität" (= regenerative Medizin) unterscheiden.

Betrachten wir als Beispiel medizinischer Diagnostik eine pathologische Gewebeuntersuchung. Um zu untersuchen, ob ein Stück Gewebe bösartige Zellen enthält, kann man sich zunächst mal die Zellen ansehen. Dazu hat der Pathologe ein Lichtmikroskop, das eine Auflösung von ca. 1 µm (= Mikrometer = 10^{-6} Meter) besitzt. Ein menschliches rotes Blutkörperchen (= Erythrozyt) hat etwa die Größe 7,5 x 2 µm. In dieser Größenordnung betrachtet, lassen sich Gut und Böse in einer Zelle aber häufig nicht einwandfrei unterscheiden, und in den Fällen, in denen man die Zellen als bösartig identifizieren kann, sind unzählig viele „unsichtbare“ Unterschiede möglich, die zum Beispiel über die Wirksamkeit oder Nichtwirksamkeit einer Chemotherapie entscheiden können. Um diese Unterschiede herausarbeiten zu können, kommen heutzutage zum Beispiel Fluoreszenzfarbstoffe zum Einsatz. Sie können mit Antikörpern gekoppelt werden und binden sich nur dann an die Gewebeprobe, wenn der Antikörper zu den Merkmalen der Zellen passt. Bestrahlt man die Gewebeprobe nach der Behandlung mit Licht einer ganz bestimmten Wellenlänge, wird der Farbstoff angeregt und leuchtet kurz in einer charakteristischen Farbe auf. Dies nennt man auch Photolumineszenz. Beim Betrachten der in dieser Weise behandelten Gewebeprobe erkennt man zum einen, ob überhaupt Farbstoff auf der Probe gebunden ist und natürlich wo und wie intensiv. Dadurch lassen sich sonst „unsichtbare“ Eigenschaften der Zellen „sichtbar“ machen. Die Methode hat ihre Nachteile. Die Farbstoffe lassen sich nur durch eine bestimmte Wellenlänge anregen, leuchten dann immer in der gleichen für sie charakteristischen Farbe und neigen dazu, im ultravioletten Licht schnell zu zerfallen. Verschiedene Merkmale einer Zelle müssen daher auch hier nacheinander untersucht werden. Die Nanotechnologie hat es nun geschafft, eine Lösung für diese Probleme zu liefern.

Als Wissenschaftler damit begannen, sich in den 70er Jahren mit sogenannten Quantenpunkten zu beschäftigen, war ihnen nicht klar, dass diese im biomedizinischen Sektor erstmals eine kommerzielle Anwendung finden würden. Quantenpunkte oder (engl.) „quantum dots“ entstammen einer nanotechnischen Produktionsmethode, die als bottom-up-Verfahren bezeichnet wird. Dabei handelt es sich um sorgfältig kontrollierte chemische Reaktionen, bei denen sich Atome und Moleküle in einem Gemisch zu kleinsten Nanostrukturen anordnen. Quantenpunkte sind Halbleiter-Nanokristalle aus wenigen hundert oder tausend

Atomen, die sich für die medizinische Forschung oder Diagnostik mit Antikörpern verknüpfen lassen. Sie haben aber gegenüber den herkömmlichen Fluoreszenzfarbstoffen erhebliche Vorteile: Sie sind als anorganische Moleküle wesentlich weniger anfällig und lassen sich daher länger beobachten als die sonst üblichen organischen Farbstoffe. Zudem können sie durch Lichtenergie eines weiten Wellenlängenbereichs angeregt werden und fluoreszieren dann in einer für sie charakteristischen Farbe, die – und das ist das Revolutionäre an den Quantenpunkten – abhängig ist von ihrer Größe. Damit lassen sich Quantenpunkte in vielen Farben produzieren und gleichzeitig in einer Probe untersuchen. Um eine noch größere Anzahl an unterscheidbaren Sonden zu erhalten, kann man schließlich unterschiedliche Quantenpunkte in definierten Verhältnissen zu größeren „Kügelchen" verpacken, die nach Anregung durch Licht in charakteristischer Weise fluoreszieren. Lässt man dieses Licht durch ein Prisma fallen, erhält man für jede Kügelchensorte ein typisches Spektrallinienmuster, einen Nano-Strichcode.

Ein großes Manko des Menschen ist es, sehr kleine Dinge nicht mehr mit bloßem Auge erkennen zu können. Wenn wir uns also in Größenordnungen bewegen, in denen wir A nicht von B unterscheiden können, weil unser Auge eine zu schlechte optische Auflösung besitzt, tappen wir sprichwörtlich im Dunkeln. Uwe Hartmann, Professor für Experimentalphysik an der Universität des Saarlandes, schreibt dazu treffend auf der Homepage des NanoBioNet: „Sieht man etwas nicht, ist es im wahrsten Sinne des Wortes schwer zu begreifen, geschweige denn zu bearbeiten." Auf die Medizin übertragen bedeutet das: Eine Erkrankung, die man nicht erkennen kann, kann man auch nicht behandeln. Die ursächliche Therapie von genetischen Erkrankungen oder bösartigen Tumoren, die im Erbgut der Zellen eines Patienten Veränderungen in einer Größenordnung von Nanometern verursachen, nämlich Defekte der DNA, lässt sich nur dann realisieren, wenn man diese Veränderungen sichtbar machen kann. Die technischen Methoden, die heutzutage zur Diagnostik genetischer Defekte eingesetzt werden, haben den Nachteil, dass viele chemische Reaktionen notwendig sind, um zu einem „sichtbaren" Ergebnis zu kommen. Das ist zum einen zeitaufwendig und zum anderen störanfällig.

Dass sich in der Biologie und Medizin seit der Erfindung der Lupenbrille einiges getan hat, ist unbestritten. Wir sprachen bereits über das Lichtmikroskop des Pathologen. Die maximale Auflösung dieser Geräte liegt heutzutage etwa bei 0,2µm. Max Knoll und Ernst Ruska haben wir die Elektronenmikroskopie zu verdanken. Ernst Ruska erhielt für diese Erfindung verdientermaßen 1986 den Physik-Nobelpreis. Da moderne Elektronenmikroskope eine Auflösung von etwa 1 nm haben, kann man in Analogie zur Mikroskopie wohl von „Nanoskopie" sprechen. Erfunden wurde das Elektronenmikroskop übrigens 1931. Wie weit sind wir heute von der Erfindung eines „Genoskops" entfernt, das mit Hilfe nanotechnischer Methoden die Erbinformation eines Chromosoms einer erkrankten Zelle sprichwörtlich „auslesen" könnte?

Erste Schritte in diese Richtung sind bereits getan. Die Rastertunnel- und Rasterkraftmikroskopie sind nanotechnische Verfahren, die in den 80er Jahren entwickelt wurden und ständigen Verbesserungen und Neuentwicklungen unterliegen. Das Rasterkraftmikroskop funktioniert, vereinfacht dargestellt, wie ein Plattenspieler, der mit einer Nadel im Nanometermaßstab Oberflächen abtasten und sogar einzelne Atome bewegen kann. Die Nadel befindet sich an einem Hebelarm (dem sog. Cantilever), dessen Auslenkungen durch die Bewegung der Sondenspitze auf der Oberfläche einer Probe mittels optischer Methoden gemessen werden können. Heinrich Hörber modifizierte als Gruppenleiter am European Molecular Biology Laboratory in

Heidelberg dieses Verfahren, um die Viskositäts-Eigenschaften von Zellmembranen und beweglichen Biomolekülen zu untersuchen. Dazu verwendete er statt einer starren Spitze eine bewegliche, im Lichtkegel eines Lasers gefangene Kugel von ca. 200 nm Größe.

Einer Forschergruppe um James Gimzewski an der Universität Basel gelang es bereits im Jahr 2000, biologische Erkennungsprozesse in nanomechanische Bewegung umzuwandeln. Das Prinzip ähnelt dem der Rasterkraftmikroskopie, nur dass die Auslenkung der oben beschriebenen Hebelarme dadurch zustande kam, dass sich DNA-Moleküle, die auf der Oberfläche der Cantilever fixiert waren, mit korrespondierenden DNA-Stücken der Untersuchungslösung verbanden. Damit war erstmalig der direkte Nachweis genetischer Informationen in einer Probe mittels nanomechanischer Methoden gelungen. Gleiches ließ sich auch für die Bindung zwischen Proteinen und den zu ihnen passenden Antikörpern zeigen.

Durch derartige Methoden lassen sich in näherer Zukunft labormedizinische Untersuchungen revolutionieren. Um nach einem Gendefekt eines Patienten zu suchen, müsste man lediglich die DNA aus den Blutzellen des Patienten freisetzen und mit den Sonden des oben beschriebenen Rasterkraftmikroskops in Kontakt bringen. Das Ergebnis ließe sich sofort ablesen. Zudem könnten unzählige Hebelarme gleichzeitig nach verschiedenen Defekten im Erbgut des Patienten suchen. Neben schwerwiegenden genetischen Erkrankungen ließen sich aber in Zukunft auch genetische Anomalien mit Hilfe der Nanotechnik diagnostizieren, die scheinbar für den Patienten keine unmittelbare Bedrohung darstellen. Dazu gehören zum Beispiel die Neigung zu Allergien oder eine familiäre Häufung der Arteriosklerose, die zu Herzinfarkten und Schlaganfällen führen kann. Die Weiterentwicklung dieser Methoden wird uns kleine Nanochips liefern, die sich in der Apotheke kaufen lassen und uns in wenigen Minuten unsere genetischen Schwächen aufzeigen werden. Nach erfolgter Diagnostik ließen sich für jeden Patienten individuell Maßnahmen ergreifen, um den Ausbruch dieser Erkrankungen zu verhindern oder zumindest zu verzögern.

Eine weitere große Sparte medizinischer Diagnostik nehmen die sog. „bildgebenden Verfahren“ ein, allen voran das klassische Röntgen. Setzt man Röntgenstrahlen im Rahmen von Schichtuntersuchungen ein, spricht man von Tomografie. Da die Rohdaten eines solchen Tomografen erst durch eine computergestützte Umrechnung zum eigentlichen Bild werden, nennt man sie auch Computertomografie (CT). Sie gehört mit der Sonografie (Bildgebung mit Hilfe von Ultraschall) und der Magnetresonanztomografie (Schichtuntersuchung mit Hilfe von Magnetfeldern = MRT) zu den leistungsstärksten bildgebenden Verfahren der Medizin. Die Computertomografie stellt zwei Gewebe dann voneinander getrennt dar, wenn sie eine unterschiedliche Dichte aufweisen. Knochen lassen sich daher mit der Computertomografie sehr gut untersuchen. Schwieriger wird es bei der Unterscheidung zum Beispiel von Bindegewebe und Blut. Auf einer konventionellen Computertomografie lassen sich daher große Gefäße nur schlecht von dem sie umgebenden Bindegewebe abgrenzen. Um diese Unterscheidung besser möglich zu machen, ist es hilfreich, eines der Gewebe mit einer höheren Dichte zu versehen, um so den Kontrast zwischen ihnen auf einem CT-Bild zu erhöhen. Das kann man zum Beispiel dadurch erreichen, dass man dem Patienten jodhaltiges Kontrastmittel in die Blutbahn injiziert. Derartig „kontrastierte“ Gefäße leuchten auf den CT-Bildern hell auf und unterscheiden sich deutlich von ihren Nachbarstrukturen. Natürlich kann man jodhaltige Kontrastmittel auch in anderen Organsystemen des Menschen einsetzen, zum Beispiel um den Magen-Darm-Trakt darzustellen. Zudem existieren vergleichbare Methoden auch für die Sonografie und die Magnetresonanztomografie. Viele Kontrastmittel haben allerdings einen erheblichen Nachteil: Sie verteilen sich gleichmäßig in den Körperhöhlen, in die sie injiziert wurden, und verschwinden mit der Geschwindigkeit wieder, mit der sie zum Beispiel durch das Blut fortgerissen werden.

Nanopartikel nun, ähnlich den Quantenpunkten, von denen wir schon berichtet haben, lassen sich aber mit Antikörpern koppeln, die sich nur an ganz bestimmte Zellen binden und diese somit markieren. Bei den Quantenpunkten erkennt man diese Zellen anschließend an der Farbe der gebundenen Nanopartikel. Verändert man die Eigenschaften der Nanopartikel derart, dass sie sich beispielsweise aufgrund ihrer magnetischen Eigenschaften in der Magnetresonanztomografie nachweisen lassen, so erhält man eine Art Nanokontrastmittel, mit dem sich sehr spezielle medizinische Fragestellungen beantworten lassen. In den nächsten Jahren wird eine Fülle dieser auf Nanotechnik basierenden Kontrastmittel entwickelt werden. Sie werden uns helfen, Tumorzellen im Körper eines Patienten in einer Untersuchung gleichzeitig zu markieren und zu charakterisieren, wodurch sich sofort eine chirurgische und onkologische Therapie ableiten ließe. Die Arbeit des Pathologen, der erst nach der Entfernung eines Tumors durch Mikroskopie und Antikörpertests eine Typisierung vornehmen kann, würde sich somit z. T. bereits in die Zeit vor der Operation verlagern. Dadurch lassen sich derartige Eingriffe besser planen und eine weiterführende Behandlung (zum Beispiel Bestrahlung oder Chemotherapie) schneller vorbereiten.

Die ersten Ergebnisse auf diesem Sektor der Nanomedizin geben den Forschern Recht: Das Innere des Menschen wird sich auf immer detailreichere Art und Weise in seiner Funktion und Form darstellen lassen. Die Ära des „Nanoimaging" hat bereits begonnen.

Hat man die Erkrankung eines Patienten erst einmal einigermaßen zweifelsfrei ermittelt, dann schließt sich der Schritt der Therapie an. Die sieht aus Sicht des Patienten in einem heutigen modernen Krankenhaus in den meisten Fällen so aus, dass man drei- bis viermal täglich vom Pflegepersonal ein volles Schälchen bunter Dragees und Pillen mit dem Essen zusammen auf den Nachttisch gestellt bekommt. In den seltensten Fällen weiß der Patient, was sich hinter diesem Tabletten-Potpourri eigentlich an erstaunlichen Wirkstoffen verbirgt und was diese tun. Sehr plastisch in Erinnerung bleiben wird dem Patienten dagegen, wenn ihm nach Einnahme der bunten Sammlung speiübel wird und er zum Beispiel dank einer ausreichenden Menge an Kaliumtabletten, einem eigentlich harmlosen Elektrolyt, das nach herzchirurgischen Eingriffen verabreicht wird, sowohl die Morgenration an Tabletten als auch das mühsam eingenommene Krankenhausessen wieder erbricht. Er wird zukünftig jede einzelne Pille der eingenommenen Auswahl tunlichst meiden, es sei denn, der Stationsarzt hat ein schlagendes Argument, das für die fortgesetzte Einnahme spricht.

Am Beispiel des Antibiotikums zur Behandlung einer bakteriellen Infektion der oberen Atemwege haben wir bereits das Dilemma heutiger Medikamente kennen gelernt: Durch seine ungezielte Wirkung im gesamten Körper löst das Antibiotikum eine Reihe von Nebenwirkungen aus, die dem Patienten meist ebenso lästig werden können wie die Symptome der Erkrankung, die das Medikament eigentlich behandeln soll. Das Ziel des Antibiotikums ist es beispielsweise nicht, die empfindliche Darmflora zu zerstören und Durchfälle zu verursachen. Genauso wenig ist der Patient an der Fähigkeit des Antibiotikums interessiert, Übelkeit und Erbrechen auszulösen. Der Anteil des Wirkstoffes, der die Bakterien der Schleimhäute in Mund, Nase, Rachen und Luftröhre erreicht, ist dagegen gemessen an der Gesamtdosis verschwindend gering. Zudem ist die Wirksamkeit des eingenommenen Medikamentes oft fraglich. Nicht jedes Bakterium lässt sich von einem dahergelaufenen Allerweltsantibiotikum freiwillig beseitigen. Nutzen und Risiko der Einnahme von Medikamenten müssen daher gegeneinander abgewogen werden. Die Entscheidung würde da viel leichter fallen, wenn es Medikamente gäbe, die tatsächlich ihre Wirkung nur an der gewünschten Stelle im Köper in vorher definierter und vor allem nebenwirkungsfreier Art und Weise entfalten würden. Kann eine nanotechnisch aufgerüstete Medizin das leisten? Und wenn ja, wann?

Erstaunlich, aber wahr: Sie kann es bereits! Die ersten Schritte in diese Richtung wurden schon unternommen. Eine ganz besondere Errungenschaft auf diesem Gebiet gelang dem Berliner Biologen und Gründer der MagForce Nanotechnologies AG Dr. Andreas Jordan. Er entwickelte in den letzten 15 Jahren magnetische Nanopartikel, mit denen sich gezielt Tumorareale im Gehirn mit Hilfe von Magnetfeldern erwärmen lassen. Die Teilchen enthalten Eisenoxid und sind ca. 15 nm groß. Man könnte sie scherzhaft auch als miniaturisierte „Rostbomben" bezeichnen. Dank einer patentierten intelligenten Hüllstruktur werden die Partikel zu Tausenden von den Tumorzellen aufgenommen und entfalten so nur lokal ihre Wirkung. Aufgrund der geringen Größe lassen sie sich mit Hilfe eines magnetischen Wechselfeldes anregen und erhitzen. Die gewünschte Temperatur lässt sich inzwischen mit Hilfe von speziell entwickelten Therapiegeräten genau steuern. Durch Behandlungstemperaturen von 41–45° C lassen sich die Tumorzellen derart schädigen, dass die Wirksamkeit einer begleitenden Chemo- oder Bestrahlungstherapie deutlich gesteigert wird. Höhere Temperaturen von bis zu 70° C wirken direkt zelltötend auf das Tumorgewebe. Die Zukunft dieser Methode liegt in der Markierung der Nanopartikel mit Antikörpern, so dass sie sich spezifisch nur an die gesuchten Tumorzellen anlagern und dort ihre Wirkung entfalten.

Nanopartikel können, wie im Falle von Andreas Jordans magnetischen Tumorkillern, selbst zum Wirkstoff werden, sie lassen sich in Zukunft aber vor allem als Transportmittel für Medikamente einsetzen. Auf diese Art und Weise wird man zum Beispiel Chemotherapeutika gezielt zu ihrem Wirkort transportieren können. Damit ließen sich die Dosierungen für eine Chemotherapie um ein Vielfaches reduzieren und Nebenwirkungen verhindern. Umgekehrt würde man durch eine höhere lokale Wirkdosis in einem Tumor eine deutlich bessere Wirksamkeit von Krebsmedikamenten erreichen. Mit der gleichen Methode werden sich zukünftig Antibiotika entwickeln lassen, die nur in bestimmten Organsystemen ihre Wirkung entfalten oder sogar nur dann aus den Nanopartikeln freigesetzt werden, wenn sie mit den gesuchten Bakterien oder Viren in Kontakt geraten. Andernfalls würden sie ohne jede Wirkung – und ohne jede Nebenwirkung – wieder vom Patienten ausgeschieden werden.

Die Entwicklung von sog. „Nanoshells" entspricht am ehesten unserer heutigen Vorstellung von einer Medikamentengabe mit Hilfe von Tabletten, Dragees oder Kapseln, die den Wirkstoff in ihrem Inneren enthalten und ihn nach Auflösung in unseren Verdauungstrakt abgeben, von wo er in unsere Blutbahn aufgenommen wird und so zu seinem Wirkort gelangt. Die Nanoshells muss man sich nun als Tabletten im Nanomaßstab vorstellen. Sie bestehen aus einer intelligenten Hülle, die unter bestimmten Bedingungen aufbricht oder porös wird, zum Beispiel bei Erwärmung. In der Folge setzen die Partikel ihren Inhalt frei, der prinzipiell aus jedem nur erdenklichen medizinischen Wirkstoff bestehen könnte. Die Zukunft dieser Methode liegt in einer intelligenten Steuerung, durch die sich sowohl der Ort als auch der Zeitpunkt der Freigabe des Wirkstoffs bestimmen ließe. Nanoshells können zum einen Licht absorbieren oder streuen, was sich für diagnostische Zwecke einsetzen lässt. Auf der anderen Seite lassen sie sich mit Hilfe von Infrarotstrahlen, die auch menschliches Gewebe durchdringen können, anregen und erhitzen. Mit Hilfe dieser Methode gelang es den Wissenschaftlern um Prof. Jennifer West bereits, Tumore in Mäusen zu behandeln, und das, obwohl zu diesem Zeitpunkt die Nanopartikel noch keine Antikörpermarkierung trugen, um sich selektiv an die Zellen des Tumors anzulagern. Nur durch die spezielle Durchblutungssituation vieler bösartiger Neubildungen reicherten sich die Partikel im Tumorgewebe an. Nach Bestrahlung der Tiere mit Infrarotlicht erhitzten sich die Tumore derart stark, dass in den Nachuntersuchungen keine bösartigen Zellen mehr nachgewiesen werden konnten.

Wenn wir vom Medikamenteneinsatz im Nanomaßstab sprechen, müssen wir uns allerdings von der gängigen Vorstellung einer „Pille in miniaturisierter Form" verabschieden und uns klar machen, dass Moleküle im Nanokosmos miteinander reagieren, Bindungen eingehen, Atomgruppen austauschen und zerlegt werden. Transportvehikel in dieser Größenordnung müssen nicht notwendigerweise dem sprichwörtlichen Erdbeerkörbchen in Form und Wirkungsweise entsprechen. Das Molekül Hämoglobin in unseren roten Blutzellen besitzt beispielsweise einen komplizierten Aufbau, der es ihm ermöglicht, Sauerstoffmoleküle unter bestimmten Voraussetzungen in der Lunge zu „laden" und diese im Gewebe wieder „abzuladen". Dabei ist Hämoglobin ein Protein aus unzähligen Aminosäuren und somit ein organisches Produkt. Bereits vor über 20 Jahren wurden sog. „Dendrimere" beschrieben, die in Zukunft wahrscheinlich zu ähnlichen Zwecken in der Nanomedizin eingesetzt werden. Dabei handelt es sich um anorganische Moleküle, die stark verzweigte Atomketten besitzen, zwischen denen je nach ihrer Zusammensetzung unterschiedlich große Hohlräume entstehen, in denen dann andere Moleküle zum Zwecke des Transports Platz finden. Ähnlich den Nanoshells lassen sie sich zur medizinischen Diagnostik und Therapie einsetzen. Im Februar 2006 erschien in der Fachzeitschrift *Biomacromolecules* ein Aufsatz, in dem James Baker, Direktor des „Center for Biologic Nanotechnology“ der University of Michigan, und seine Mitarbeiter die Funktionsweise spezieller Dendrimere zur Tumortherapie vorstellen. Diese genialen Teilchen enthalten gleichzeitig drei verschiedene Moleküle: einen Fluoreszenz-Farbstoff, ein Konnektor-Molekül zur Anheftung an die Tumorzellen und Taxol, ein Chemotherapeutikum. Damit lassen sie sich in Zellkulturen optisch nachweisen und als Medikament zur gezielten Tumortherapie einsetzen.

Eine Studie des Bundesministeriums für Bildung und Forschung (BMBF) im Jahr 2003 mit dem Thema „Technologievorschau – Nanotechnologie pro Gesundheit“, in der führende Wissenschaftler auf diesem Gebiet befragt wurden, wie sie den zeitlichen Ablauf von nanomedizinischen Errungenschaften der nächsten Jahrzehnte prognostizieren, kam zu dem Ergebnis, dass in den Jahren 2010 bis 2015 nanobasierte Medikamente mit gezieltem Wirkspektrum und -ort (zum Beispiel Krebsmedikamente und Antibiotika) zum medizinischen Alltag gehören werden. Die Nanotechnologie wird uns die medizinischen Revolutionen der nächsten Jahre liefern und viele Gebiete der Medizin von Grund auf verändern.

Eines dieser Gebiete wird das „Tissue Engineering“ sein. Unter diesem Begriff verbirgt sich ein multidisziplinärer wissenschaftlicher Bereich, der die künstliche Züchtung von menschlichem Gewebe zum Ziel hat und letztendlich den Weg ebnen soll zum „Organ Engineering“, also der künstlichen Herstellung menschlicher Organe. Ob dieses ehrgeizige Ziel mit Hilfe der Nanotechnologie in absehbarer Zeit zu erreichen ist, lässt sich aktuell nicht abschätzen.

Wissenschaftler, die auf dem Gebiet des „Tissue Engineering“ arbeiten, manipulieren Gewebe bereits heute problemlos im

Nanomaßstab, produzieren vorher definierte Gewebearten aus Stammzellen und verändern genetische Informationen. Die technischen Möglichkeiten, die derzeit existieren, haben bereits vor Jahren zu einer ethischen Diskussion um die Verwendung von menschlichen embryonalen Stammzellen geführt und dadurch die Themen „Stammzellforschung" und „Tissue Engineering" weltberühmt gemacht. Die Triebfeder, die diese beiden Forschungsbereiche belebt und vorantreibt, ist der Wunsch von uns allen nach etwas, das wir meist erst dann wahrnehmen, wenn es uns verloren gegangen ist: unsere Gesundheit. Die endet spätestens dann, wenn unsere Organfunktionen nachlassen, weil wir schlicht altern. Um uns davor zu bewahren, hat sich die Medizin in ihrer jahrtausendealten Geschichte einiges einfallen lassen. Letztendlich musste sie aber vor einer Tatsache resignieren: Zugrunde gegangenes Gewebe lässt sich mit medikamentösen Mitteln nicht wieder herstellen. Die einzige Alternative bleibt der Ersatz, medizinisch ausgedrückt, die Transplantation. Auch sie hat zu kontroversen Diskussionen darüber geführt, was die Medizin kann und was sie besser nicht können sollte. Eines steht jedoch fest: Die Organtransplantation rettet vielen tausend Menschen jährlich das Leben, verhilft ihnen zu einer deutlich besseren Lebenserwartung und einer Lebensqualität, die für die meisten von uns so normal ist, dass wir vergessen haben, ihren Wert zu schätzen. Das erklärt mitunter auch die geringe Motivation der Bevölkerung zu einer Organspende und führt zu einem derzeit nicht lösbaren Dilemma: Die Anzahl der Patienten, die eine Organspende dringend benötigen, übersteigt um ein Vielfaches die Zahl der gespendeten Organe.

Das „Tissue Engineering" und die Stammzellforschung versuchen hier eine Lösung zu finden und bieten gegenüber der klassischen allogenen Transplantation zwischen zwei genetisch fremden Individuen die Möglichkeit, menschliches Gewebe aus körpereigenen Zellen zu restaurieren. Damit würde jede Form der Immunsuppression zur Unterdrückung einer Abstoßung unnötig werden und den Patienten zu einer weiteren Verbesserung der Lebensqualität und Lebenserwartung verhelfen.

Der Versuch, menschliches Gewebe in seiner Struktur und Funktion zu ersetzen, führt geradewegs zur Notwendigkeit, nanotechnologische Methoden anzuwenden. Dies verdeutlicht vielleicht die Analogie eines menschlichen Organs zu einem Bürohochhaus wie dem Empire State Building: Teilt man die Bestandteile des Empire State Buildings in drei funktionelle Gruppen, so erhält man folgende Strukturen: Zum einen das 443 m hohe architektonische Gerüst, das Bauwerk an sich. Dann eine Hülle aus 55.000 Tonnen Stahl, 10 Millionen Ziegelsteinen, 73 Fahrstühlen, 102 Stockwerken und 6500 Fenstern. Für sich genommen ist das ein teurer, aber funktionsloser Haufen Materie. Weiterer Bestandteil sind dann die 30.000–35.000 Menschen, die dort arbeiten oder wohnen, inklusive ihrer Möbel, Computer, Telefone und Faxmaschinen, die sich auf 223.000 Quadratmeter Bürofläche verteilen und für sich betrachtet ebenfalls einen nutzlosen Haufen bilden würden, gäbe man ihnen durch die geniale Konstruktion des Wolkenkratzers nicht ausreichend Platz zum Arbeiten und Leben. Um beide Bestandteile zu einem funktionierenden Ganzen zusammenzufügen, fehlt allerdings ein weiterer entscheidender Bestandteil: ein Netzwerk aus 762.000 km elektrischen Leitungen und 1,7 Millionen km Telefonleitung machen erst eine Kommunikation der Menschen im Innern des Empire State Building untereinander und mit der Außenwelt möglich. Erst das Zusammenspiel aller drei Bestandteile gibt dem 365.000 Tonnen schweren Koloss eine Funktion und Daseinsberechtigung. Miniaturisiert man das Empire State Building nun auf die Größenordnung eines 350–400 Gramm schweren Organs, wie des Herzens, so wäre eine Schrumpfung auf ein Milliardstel (10^{-9}) der Ausgangsgröße notwendig. Der gleiche Faktor bezogen auf einen Meter ergibt 10^{-9} Meter, einen Nanometer.

Das methodische Prinzip des „Tissue Engineering" besteht darin, das architektonische Gerüst eines Organs mit dessen arbeitendem Inhalt, also den organspezifischen Zellen, zusammen mit den notwendigen Kommunikationsstoffen und Wachstumsfaktoren zu einer funktionstüchtigen Einheit zu verbinden. Das architektonische Gerüst bezeichnet man auch als Matrix oder Scaffold. Es muss die gewünschte dreidimensionale Struktur aufweisen, eine mechanische Festigkeit besitzen und den Zellen eine Art Lebensraum bieten. Im menschlichen Gewebe besteht diese Matrix häufig aus unterschiedlichen, dicht angeordneten Kollagenfasern, in die die Zellen eingebettet sind. Eine derartige Struktur im Nanometermaßstab nachzuahmen, ist eine wissenschaftliche Herausforderung und beschäftigt einen ganzen Forschungszweig. Die derzeit verwendeten Materialien reichen von natürlichen Gewebebestandteilen, zum Beispiel behandelten, von allen Zellen befreiten Herzklappen oder Gefäßen, bis zu vollsynthetisch hergestellten Polymeren. Diese wiederum haben den Nachteil, dass sie nach ihrer Implantation eine Gewebereaktion im Sinne einer Fremdkörperabwehr auslösen können. Die Nanotechnologie bietet hier die Möglichkeit, die Matrixstrukturen feiner herzustellen oder sie mit chemischen Stoffen und Medikamenten zu beschichten. Dadurch lassen sich Gewebereaktionen minimieren oder sogar genau steuern, um zum Beispiel das Einheilen von Implantaten in das sie umgebende Gewebe zu verbessern.

Auch die Herstellung der Zellen, die letztendlich die Organfunktion des neu entstehenden Gewebes repräsentieren, wird in Zukunft durch nanotechnische Verfahren erleichtert werden. Genetische Veränderungen an Stammzellen werden aktuell überwiegend durch eine Methode ermöglicht, die sich virale Transfektion nennt. Dabei wird ein Gen in die Zelle geschleust, indem man die Zelle mit einem Virus infiziert und sie somit zwingt, das gewünschte Gen in das eigene Erbgut einzubauen. Diese

Übertragung von genetischen Informationen in Form von DNA lässt sich in Zukunft eventuell gezielt durch Nanopartikel bewerkstelligen, die die DNA-Fragmente tragen, durch Antikörpermarkierung nur von den gewünschten Zellen aufgenommen werden und deren Funktion schließlich erweitern oder verändern.

Um schließlich aus sogenannten pluripotenten Stammzellen (zum Beispiel embryonalen oder adulten Stammzellen) eine bestimmte Gewebeart herstellen zu können, müssen den Zellen in der Kultur Wachstumsfaktoren zugesetzt werden, die eine Differenzierung in eine vorher definierte Richtung verursachen. Auch hier lassen sich Nanopartikel einsetzen, um den Ort und den Zeitpunkt der Abgabe und damit die Wirkung der Wachstumshormone zu steuern.

Mitarbeitern der Klinik für Thorax-, Herz- und Gefäßchirurgie der Medizinischen Hochschule Hannover und der Leibniz-Forschungslaboratorien für Biotechnologie und künstliche Organe (LEBAO) sind auf dem Gebiet des „Tissue Engineering" in den letzten Jahren zahlreiche bahnbrechende wissenschaftliche Erfolge gelungen. Erstmals gelang die Herstellung von Herzklappen, die nach einer Implantation bei Kindern mit einem angeborenen Klappenfehler die Fähigkeit besitzen, im Empfängerorganismus mitzuwachsen. Diese revolutionäre Eigenschaft verdanken sie der Tatsache, dass die vorher entzellularisierte Matrix der eingesetzten Klappen mit körpereigenen Zellen der Kinder überzogen wurde. Man spricht in diesem Zusammenhang von Rebesiedelung. Den Kindern erspart diese Methode wahrscheinlich mehrere Operationen, die dadurch notwendig würden, dass die normalerweise implantierten biologischen oder mechanischen Klappen mit der zunehmenden Größe der Kinder zu klein würden und ausgetauscht werden müssten.

Die Blutversorgung aller künstlich erschaffenen Gewebe stellt eine der derzeit größten Hürden des „Tissue Engineerings“ dar, weil die Ernährung von Zellen ohne die Hilfe eines Gefäßsystems nur über sehr kleine Strecken gewährleistet werden kann (zum Beispiel bei den oben erwähnten extrem dünnen Herzklappensegeln), was die Größe der künstlichen Gewebestrukturen stark limitiert. Ein weiteres Hindernis, das es in der Zukunft zu überwinden gilt, ist die Tatsache, dass aus adulten Stammzellen des Menschen noch keine funktionsfähigen Herzmuskelzellen hergestellt werden konnten. Dies gelang bis dato nur aus embryonalen Stammzellen von zum Beispiel Mäusen, die mit Hilfe des therapeutischen Klonens gewonnen wurden. Diese Methode verbietet sich aus ethischen Gründen beim Menschen, da zu diesem Zweck geklonte Embryonen abgetötet werden müssen, um die notwendigen Stammzelllinien gewinnen zu können.

Auch hier hoffen die Forscher auf einen Durchbruch mit Hilfe der Nanotechnologie, da sich inzwischen mit Hilfe spezieller Lasertechniken einzelne Bestandteile von Zellen gezielt manipulieren lassen. Dazu zählt etwa die Möglichkeit, die Zellkerne embryonaler Stammzellen zu zerstören und sie durch Zellkerne adulter Stammzellen zum Beispiel vom Erwachsenen zu ersetzen. Das Ziel ist die Produktion von pluripotenten Stammzellen zur Herstellung von Herzmuskelgewebe im Menschen, ohne dass das therapeutische Klonen und Abtöten eines Embryos zur Stammzellgewinnung notwendig wird.

Die Nanomedizin wird in den kommenden Jahren eine Fülle von Revolutionen hervorbringen, so viel ist sicher. Es werden sich Möglichkeiten in der Diagnostik und Therapie von nahezu allen Erkrankungen ergeben, die bis vor einigen Jahren als unvorstellbar galten. Wir werden den menschlichen Organismus bis in seine kleinsten Details sehen und begreifen können und dies therapeutisch zu nutzen lernen. Krebserkrankungen werden dank der Nanomedizin ihren Schrecken als unheilbare Erkrankungen verlieren, Infektionserkrankungen werden sich nebenwirkungsfrei, schnell und gezielt behandeln lassen, und das „Tissue Engineering" wird uns mit Hilfe der Nanotechnologie ein ganzes Ersatzteillager an körpereigenen, bis in das kleinste Detail nachempfundenen Geweben und Organen zur Verfügung stellen, um unser Leben zu verlängern.

Wie alt werden wir dadurch wohl werden? 100, 120, 150 Jahre? Da fragt man sich doch, warum die Produzenten von „Raumschiff Enterprise" es versäumt haben, das Alter ihrer Leinwandhelden entsprechend anzupassen. Captain Picard ist nämlich nur jugendliche 50 Jahre alt. Die Antwort ist so einfach wie erstaunlich: Wir hätten es Ihnen nicht abgekauft. Beamen, Laserkanonen und Lichtgeschwindigkeit: Kein Problem! Es werden schon ein paar Bill Gates und Albert Einsteins der Zukunft kommen, um uns zu diesen technischen Raffinessen zu verhelfen. Aber 150 Jahre alt zu werden, Rente erst ab 120 zu beziehen und seine Ur-Enkel bis in die sechste Generation mit eigenen Augen zu erleben, das klingt für uns immer noch reichlich überzogen.

Warten wir´s ab. Wir werden uns noch wundern ...

Faszination und Zukunftsgedanken

Interview der Herausgeberin mit Wolfgang Heckl

Das Schlusskapitel war eher etwas philosophisch gedacht. Wir werden also nicht mehr so ausgiebig auf Details eingehen. Zunächst würde ich aber gerne mit einem allgemeinen Rückblick beginnen, der noch einmal einige Punkte der vorausgehenden Kapitel berühren wird, und auch noch ein paar Fragen zu Ihrem Forschungsgebiet stellen, bevor wir uns dann Gedanken über Risiken und vor allem Chancen in der Zukunft machen.

Was also ist das ganz Spezifische der Nanotechnik? Das bloße „Noch-kleiner-als-vorher" ist es ja nun offenbar nicht. Was ist, aus Ihrer Sicht, das besonders Faszinierende an der Nanoforschung und Nanotechnik? Wo sehen Sie den markantesten Unterschied zur Mikroelektronik und zur bisherigen molekularen Chemie und Biologie?

Da gibt es eine Reihe von Antworten. Erstens: Einer der ganz großen Unterschiede ist, dass die Nanotechnologie eine in gewissem Sinn allumfassende Wissenschaft ist. Jedenfalls viel umfassender als Mikroelektronik, molekulare Chemie oder Biologie. Die Nanotechnologie hat ein stark vereinigendes Element gegenüber sehr vielen verschiedenen Wissenschaften. Wenn ich mich auf der Skala von Nanoteilchen bewege, dann spreche ich zugleich die Biologie, die Physik und die Chemie an. Ich mache das immer an einem Beispiel klar: Wenn ich mir ein DNA-Molekül anschaue, dann ist so ein DNA-Molekül für einen Physiker ein quantenmechanisches Objekt, das mit der Quantenmechanik zu beschreiben ist. Für den Chemiker ist es ein chemischeses Objekt, weil es aufgrund seiner organischen Wechselwirkung – Wasserstoffbrücken-Bindung – den genetischen Code sicherstellt, und für den Biologen ist es das biologische Objekt par excellence, weil es die vier Buchstaben des genetischen Codes darstellt, also A, G, T, C. Und diese Interdisziplinarität, eine Sichtweise der Dinge, die nicht so spezialisiert ist, ist eine große Chance. Natürlich brauchen wir auch die Forschung am einzelnen Detail. Die Nanowissenschaft stößt uns aber mit der Nase darauf, dass es nicht genügt, zu sagen, ich bin Mikroelektroniker und ich betrachte alles unter dem mikroelektronischen Gesichtpunkt. Wenn wir heute Chips oder Schaltkreise produzieren, die zum Teil DNA, organische Moleküle, lebende Systeme, Hybridsysteme aus biologischem und anorganischem Material beinhalten, dann brauchen wir wieder eine Gesamtsicht der Phänomene. Die Nanotechnologie sagt mir: Du musst viele Dinge beachten, wenn du verstehen willst, wie die Natur funktioniert.

Grundlegend neu an der Nanotechnik ist, wie Sie ja eben sagten, dass es nicht einfach nur um „kleiner" geht, sondern darum, dass wir auf dieser Größenskala auf ganz neue Qualitäten stoßen. Und: Wir haben es zum ersten Mal praktisch-experimentell mit der Quantenmechanik zu tun. Quantenmechanische Regeln kommen plötzlich im Experiment ins Spiel. Wenn wir also davon sprechen, dass wir ein Informations-Bit mit einem Atom speichern, erhebt sich sofort die Frage: Wie ist es da mit der Heisenberg'schen Unschärferelation? Ist das Atom denn überhaupt fixiert an einem Ort? Dazu gibt es eine schöne Geschichte. Ich bin ein großer Anhänger von „Star Trek". Dort gibt es beim Beamen ja das Problem, dass man alle dreidimensionalen Koordinaten von allen Atomen und Molekülen feststellen muss, um sie nach der Dematerialisierung wieder zu materialisieren. Dazu muss man den Koordinatensatz haben, man muss also den Ort aller Atome, aus denen der zu beamende Mensch besteht, genau feststellen können, sonst funktioniert es nicht, wenn ich ihn wieder zusammenbauen will. Das haben die Leute bei „Star Trek" auch gemerkt, und deshalb gibt es bei „Star Trek" den Heisenberg-Kompensator. Die haben gewusst, da gibt es irgendein Problem, das hängt mit Heisenberg zusammen, also haben sie den Heisenberg-Kompensator erfunden. Der Wissenschaftler, der dafür verantwortlich ist, dass das mit der Physik dort alles einigermaßen passt, wurde einmal gefragt: Sagen Sie mal, das ist ja Klasse, das mit dem Beamen, und auch, dass Sie das berücksichtigt haben mit dem Heisenberg, aber – wie funktioniert dieser Heisenberg-Kompensator eigentlich? Da hat er kurz überlegt, und hat dann eine klassische Antwort gegeben. Er hat gesagt: Very good! Besser können Sie es wohl heute nicht erklären.

Also: Wir treten praktisch ein in das Arbeiten mit der Quantenmechanik. Eine ganz andere Welt. Ich gehe da in eine Welt hinein, die noch nie jemand gesehen hat, von der aber jeder geglaubt hat, dass sie existiert. Demokrit hat uns das ja in den Kopf gesetzt, dass es diese kleinen Teilchen gibt. Noch im Jahr 1968 kam ein Buch heraus *The Elementary Mathematics of the Atom*. Der erste Satz heißt: „Nobody has ever seen an atom", und im Verlauf des Buches beweist der Autor, dass das auch *niemals* möglich sein wird. Gerd Binnig, bei dem ich ja gelernt habe, hat das kaum zehn Jahre später Lügen gestraft. Ein weiterer Aspekt ist: Das Verhältnis der Oberfläche zum Volumen ändert sich. Bei einem normalen Teilchen spielt die Oberfläche nur eine geringe Rolle, weil es hauptsächlich aus Volumen und vergleichsweise wenig aus Oberfläche besteht. Ein Nanoteilchen besteht aber fast nur aus Oberfläche. Ich mache kein Engineering des Volumens, sondern nur noch der Oberfläche. Für die Nanowelt spezifisch ist dieser Aspekt, dass die Oberfläche gegenüber dem Volumen absolut gewinnt. Und es sind die Oberflächen, die die Wechselwirkungen mit der Umwelt bestimmen, so dass die Nanoteilchen dann beispielsweise eine im Vergleich zu makroskopischen Teilchen drastisch erhöhte

Aktivität entwickeln können. Diese Tatsache müssen wir bei einem verantwortungsvollen Umgang mit der Nanotechnologie beachten.

Hat die Oberfläche nicht sozusagen den „Drang“, wieder Volumen zu werden, also sich so schnell wie möglich zu größeren Einheiten zusammenzuballen? Lässt sich das die Natur einfach so gefallen, Oberfläche bleiben zu müssen? Wie stabil ist das, was Sie da machen?

Das ist letzten Endes eine thermodynamische Frage: Wie schaffe ich einen thermodynamisch stabilen Zustand außerhalb des Gleichgewichts? Jeder Baum, der auf der Erde wächst, ist außerhalb des Gleichgewichts, und trotzdem schafft er es, zu existieren. Lebewesen können existieren, weil dem System Energie von außen, zum Beispiel in Form von Sonnenlicht, zugeführt wird. Es gibt immer wieder thermodynamisch stabile Nischen.

Und in solche Nischen gehen Sie dann hinein, wenn Sie Neues designen?

Ja, so ist es.

Wird denn die Forschung im Nano- oder vielleicht noch im Pico-Bereich so etwas wie einen Endpunkt in der Manipulation der immer kleineren Teilchen darstellen, oder wird der eingeschlagene Weg noch lange in dieser Richtung weitergehen können?

Also, der Karl Valentin hat gesagt: Vorhersagen sind immer schwer, insbesondere, wenn sie die Zukunft betreffen. Die zweite Antwort auf diese Frage ist: Natürlich bin ich nicht so dumm, zu meinen, ich wüsste, wo man ans Ende gelangt ist. Alles, was die Naturgesetze erlauben, wird passieren, früher oder später.

Es ist also nicht so, dass man heute rein theoretisch eine Grenze wüsste, von der man sagen könnte, da kann es gar nicht weitergehen mit dem Verkleinern und Manipulieren?

Selbst wenn man so etwas sagen würde, ist immer noch die Frage, ob man die Grenze richtig gezogen hat. Die gesamte Entwicklung der Physik ist gekennzeichnet durch eine Erweiterung der Gesetze, die man zuvor erkannt hat. Als man nur die klassische Mechanik kannte, haben wahrscheinlich viele Leute gemeint, jenseits der klassischen Physik kann es gar nichts anderes mehr geben. Ein bewegtes Objekt wird genauso lang sein wie ein ruhendes Objekt. Jetzt hat aber Einstein in der speziellen Relativitätstheorie herausgefunden, dass diese Regel nur der Spezialfall ist für kleine Geschwindigkeiten. Aber für hohe Geschwindigkeiten ist es tatsächlich so, dass bewegte Objekte in Bewegungsrichtung verkürzt werden.

Also: Bleiben wir bei Karl Valentin …

Selbstverständlich, so eine Erweiterung wird kommen.

Man wird in noch kleinere Dimensionen gehen?

Ja!

Und heute hat man nicht einmal eine Ahnung, wo man da vielleicht landen könnte?

Ja, das ist doch klar. So war doch die Geschichte der gesamten Entwicklung der Menschheit. Wer bin ich denn – der liebe Gott? – um zu wissen, wo es nicht mehr weitergeht?

Nun, ich dachte nur, je tiefer man in die Quantenwelt steigt, desto weniger fassbar wird ja alles.

Das haben vor 50 Jahren die Leute auch schon gesagt:Sie können doch wohl nicht ein einzelnes Atom sehen wollen! Da ist doch diese unheimliche Quantenwelt, das geht doch gar nicht! Ich würde mich nie trauen, da Prognosen zu machen, außer mit dem einen Unterschied: Wenn etwas gegen die Naturgesetze verstößt, dann wird es nicht passieren. Nur: Die muss ich natürlich alle richtig erkannt haben. Gegen richtig erkannte Naturgesetze werde ich nie verstoßen können.

Natürlich nicht. Und die bisher erkannten werden immer Bestandteil möglicher neu erkannter Gesetze sein.

So ist es. Die klassische Mechanik ist ja nicht ungültig geworden, sie ist nur ein Spezialfall für kleine Geschwindigkeiten und große Ensembles. – Und ich sage natürlich nicht, dass in zehn Jahren die Picotechnologie Einzug halten wird.

Es gibt eine ganze Reihe von Leuten, die die Nanoforschung und Nanotechnik eher für einen „Rummel", eine Mode halten, die nicht besonders langlebig ist, oder die die Meinung vertreten, Nanowissenschaft sei gar nichts besonders Neues, im Grunde sei die Chemie in gewissem Umfang Nanowissenschaft. Sehe ich es richtig, dass Sie ganz dezidiert nicht zu diesen Leuten gehören? Mit welchen Argumenten reagieren Sie auf derartige Ansichten?

Das ist ein Streit um Kaisers Bart: Ist das jetzt was Neues oder nicht? Natürlich, als der liebe Gott die Welt geschaffen hat, hat er Nanoteilchen geschaffen, und insofern ist überhaupt niemals etwas Neues unter diesem Himmel entstanden. Es gibt ja nicht diese strikte Trennung: Ab 1990 beginnt das Zeitalter der Nanotechnologie. Aber jetzt hat man dieses Wort, jetzt hat man neue Ideen, jetzt gibt es neue Leute, die in dieses Feld hineinkommen. Natürlich, was man früher Kolloid-Chemie genannt hat, zählt man heute zu den Nanowissenschaften. Wenn Sie heute sagen, Sie schreiben eine Diplomarbeit in Kolloid-Chemie aus, kriegen Sie keinen hinter dem Ofen hervor. Wenn Sie aber sagen, Sie machen Nanopartikel-Forschung, dann sieht es ganz anders aus. Aber das ist nicht schlecht. Denn auf diese Weise kriegen Sie so viele neue junge Leute herein, die mit gutem Kopf und wachem Geist sich neue Ideen überlegen im Bereich der Nanotechnologie. Da braucht man eben auch einen push, einen Auftrieb, da müssen Sie die Dinge neu nennen. Relevant ist nur, ob ich *neue Ideen* daraus schaffen kann, dass ich ein neues Thema aufbringe. Und natürlich wird es eine Mode sein, und ist auch teilweise eine Mode, das ist aber gut so. Wir freuen uns doch an Moden! Das ist doch wunderbar!

Wer hier allzu sehr den Aufpasser bei der Begriffsverwendung spielt, ist für Sie eher beckmesserisch?

Natürlich, das sind doch die Leute, die nichts bewirken, die kaum eine wirklich positive Tat in ihrem ganzen Leben vollbracht haben, aber nur kritisieren, dass die anderen vielleicht was versuchen.

Ich würde Ihnen nun gerne eine Frage stellen, die eher philosophischer Natur ist: Das Aufkommen der Quantentheorie hat das menschliche Erkenntnisvermögen ziemlich erschüttert, und sie ist bis heute für die meisten ein schwer verständliches Faszinosum geblieben. Bietet aus Ihrer Sicht die Nanoforschung hier auch einiges Aufregende für den Erkenntnissuchenden, oder ist sie vordringlich interessant wegen dem, was man mit ihr technisch anstellen kann?

Nun ja, beides. Das, was man technisch umsetzen kann, das liegt da, wo wir Geschäfte machen. Der derzeitige Markt liegt heute weltweit bei etwa 100 Milliarden Dollar pro Jahr. Das wird zurzeit mit Nano-Produkten umgesetzt. Für einen Investor ist natürlich nicht der quantenmechanische oder philosophische Aspekt interessant. Aber natürlich ist es so, das es für den Erkenntnissuchenden ein riesiger Schritt nach vorne ist, wenn die Nanowissenschaft jetzt die Quantenmechanik operationalisieren kann, wenn wir dazu Instrumente entwickeln, im Moment freilich noch auf relativ einfacher Skala. Gut, wir können ein Atom bewegen, aber wie machen wir da einen atomaren Speicher draus? Das ist doch eine Herausforderung für die Erkenntnis! Ich sage immer: Mit der Technik des Schreibens von atomaren Bits kann ich den Inhalt der Bayerischen Staatsbibliothek auf einem Quadratzentimeter speichern.

Im Prinzip.

Natürlich, das müsste man erst einmal umsetzen. Trotzdem ist das doch unglaublich faszinierend per se, dass ich zum ersten Mal Quantenmechanik *tun* kann.

Ich hatte eigentlich auch an die Frage gedacht, ob man mit dem, was man in der Nanowelt erforschen kann, eventuell die für das Vorstellungsvermögen so dunklen Aspekte der Quantenmechanik etwas aufhellen kann.

Aber da stellt sich die Frage: Was ist denn Erkenntnis? Heißt Erkenntnis: sich ein verständliches Bild machen? Dann würde ich sagen: Ja. Wenn ich jetzt sehe: Tatsächlich, Atome sind wirklich runde Kugeln, dann habe ich endlich etwas verstanden!

Aber ein Quantenmechaniker würde sagen: So ist das ja gar nicht – es sind eben nicht nur runde Kugeln!

Eben! Das ist der zweite Punkt. Der erste Punkt ist aber auch wunderbar, dieses Bild hilft auch weiter.

Es beschreibt etwas, aber sagt nicht alles.

Sagt nicht alles. Genauso ist es damit. Einen Schritt weiter komme ich in der Erkenntnis aber auf jeden Fall, wenn ich jetzt sehe: Atome *sind* runde Kugeln. Das *stimmt*. Und ich kann mit diesen runden Kugeln auf „du" sein! Ich kann sie nehmen, das ist faszinierend! Ich kann die runde Atomkugel nehmen und kann sie dahin oder dorthin schieben. Mit einem C_{60}-Molekül kann ich Fußball spielen.

Sie sind ja auch in Nicht-Fachkreisen berühmt dafür, dass Sie das kleinste Fußballspiel der Welt entwickelt und außerdem das kleinste Loch der Welt gebohrt haben, weshalb Sie ins Guinness-Buch der Rekorde gekommen sind.

Ja, das ist richtig. Natürlich erfasse ich mit solchen eher spielerischen Sachen nicht die volle Bandbreite der Phänomene.

Zu Anfang sprachen Sie davon, dass für den Nanowissenschaftler plötzlich quantenmechanische Regeln „ins Spiel" kommen. Wo zeigen die sich, wenn man doch mit Atomen umgeht, als seien sie Kugeln? Und wie gelingt es Ihnen, mit diesen Regeln „very good" umzugehen, nachdem Ihnen doch kein Heisenberg-Kompensator zur Verfügung steht?

Schauen Sie, der Welle-Teilchen-Dualismus ist heute genauso faszinierend und unverständlich – für mich jedenfalls – wie zu Beginn dieser Erkenntnis. Wenn wir heute Experimente machen können, die zeigen, dass Teilchen am Doppelspalt auch dann, wenn sie einzeln nacheinander auftreffen, sich hinter dem Spalt wie eine interferierende Welle verhalten, dann ist das schon faszinierend unverständlich. Der Grund für unsere Verständnisschwierigkeiten liegt meines Erachtens darin, dass wir aufgrund unserer makroskopischen Größe einfach keinen intuitiven Zugang haben zur Nanowelt. Aber sie existiert. Und wären wir nanoteilchen-zwergengroß, dann wären die fantastischen Phänomene der Quantenmechanik für uns ganz normal. Aber wir beobachten eben – das belegen rastertunnelmikroskopische Aufnahmen –, dass Elektronen an der Oberfläche eines Festkörpers (wir sprechen von einem Elektronensee) an einem einzelnen Molekül, das wir mitten auf der Oberfläche platziert haben, gestreut werden und Interferenzmuster bilden. Mit dem Rastertunnelmikroskop sehen wir zum ersten Mal, und das bei Zimmertemperatur, die theoretisch vorausgesagten Phänomene direkt. Das hindert uns aber trotzdem nicht daran, mit Atomen wie mit Kugeln umzugehen, denn das funktioniert.

Dann könnte man vielleicht sagen, die Nanoforscher haben sich in dieser winzigen Welt mehr auf den Teilchen-Aspekt gestürzt? Der Wellencharakter bleibt eher ausgeblendet. Allerdings gibt es ja auch die Überlegungen zu einem Quantencomputer!

Ja, eben. Und unser „molekulares Fußballspiel" – das ist natürlich ein Quantencomputer im Anfangsstadium. Die praktische Umsetzung dessen, was wir hier tun, kann beim Quantencomputer enden. Den muss ich ja am Ende nicht nur rechnerisch-mathematisch hinschreiben, sondern ich muss ihn operationalisieren, ich muss ihn in „Teilchen", in Materie, in Hardware *bauen*. Und das tun wir heute schon, indem wir zum Beispiel, als erste Schritte dazu, solche einzelnen Cluster oder Moleküle anordnen – das ist unsere Spezialität. Ich ordne zum Beispiel atomare Cluster auf einer Oberfläche. Jeder Cluster ist ein Quantenzustand. Wenn ich mit ihm rechnen will, muss ich die Quantenzustände hin- und herschieben oder -schalten. Ein Nanofußball ist ein Schaltvorgang eines einzelnen Moleküls – „aus" oder „ein". Das ist die grundlegende Rechenoperation. So ein praktischer Umgang bringt doch auch das Verständnis der Quantenwelt weiter. Und dann gibt es da noch zum Beispiel ein Rätsel für das Verständnis, diese verschränkten Zustände, diese Quantenteleportation. Zukünftig soll die ja nicht nur mit Atomen, sondern auch mit Molekülen geschehen, und für solche Experimente brauche ich natürlich das Handwerkszeug der Nanotechnologie. Das sind schon sehr faszinierende Dinge.

Sie sprechen jetzt noch einmal von dem, was in der Science Fiction als „beamen" bezeichnet wird.

Genau. Und davon, was man jetzt schon kann: Man kann quantenmechanische Zustände von einzelnen Atomen, einzelne Spins, teleportieren. Das will man dann natürlich mit größeren Teilchen machen bis hin zu Molekülen. Da ist schon eine große Faszination dabei, wenn ich zum ersten Mal eine Technologie habe, die mir so etwas erlauben könnte. Bislang war die Quantenmechanik vor allem Theorie, aber heute kann ich sagen, ich will dazu einmal ein Experiment designen. Dinge zu machen, die nie vorher gemacht wurden, bzw. noch viel eklatanter – und das habe ich bei meinem Lehrer Gerd Binnig gelernt – Dinge zu machen, von denen eigentlich alle behaupten: Das geht ja nie! Das ist ein unglaublicher Reiz!

Soweit ich weiß, richten sich Ihre Erkenntnisinteressen zurzeit ganz besonders auf Experimente im Nanobereich, die Aufschlüsse geben könnten über die Entstehung des Lebens. Sie tropfen eine Lösung mit DNA-Molekülen auf einen heißen Stein und beobachten, wie diese Moleküle sofort anfangen, miteinander zu „tanzen", wie Sie es nennen, und sich zu Mustern anzuordnen. Sind Sie heute schon so weit, dass Sie Einfluss nehmen können auf diese Muster, sozusagen darauf, ob „Tango" oder „Walzer" getanzt wird? Und wie lange getanzt wird?

Das ist eben so eine Analogie. Ich benutze dafür gerne folgende Metapher: Die Geige fängt an zu spielen. Zunächst tanzen alle chaotisch. Das ist ja alles voller Wunder. Eigentlich kann ich das nicht verstehen, es ist wirklich unbeschreiblich wundervoll, wie es geschehen kann, dass ich Trilliarden von Molekülen mit einer Spritze auf eine heiße Oberfläche tropfe, und es entsteht etwas anderes als ein chaotischer Haufen von Trilliarden von Molekülen. Man kann nur staunen, wie in einer milliardstel Sekunde ein völlig geordnetes Muster, jedes Atom und jedes Molekül an seinem richtigen Platz, entstehen kann.

Ist dieses Muster von sich aus beständig?

Man kann es wieder verschwinden lassen, wenn man etwa die Temperatur erhöht. Aber das Entscheidende ist: Hier ereignet sich der zündende Funke für die Entstehung des Lebens. Ich kann das gar nicht fassen, dass das passiert! Wir können heute im Labor zusehen, wie aus Lebensmolekülen (DNA-Molekülen und Aminosäuren), wie vor etwa 4 Milliarden Jahren auf der Erde geschehen, sich spontan höher entwickelte, geordnete Systeme bilden, emergente Systeme, deren Ausgangszustand man nur schwerlich eine solche Entwicklungsfähigkeit angesehen hätte. Stellen Sie sich vor, Sie wollen zwei, drei Dinge in eine bestimmte Ordnung bringen, da haben Sie schon Schwierigkeiten. Jetzt macht die Natur das in einer milliardstel Sekunde mit Trilliarden von Teilchen! Da ist eine solche Kraft zur Ordnung hin, eine solche Tendenz, sich selbst zu ordnen! Und das ist ja natürlich die Voraussetzung für Lebensentstehung: Ordnung einzuführen in das System.

Die DNA nehmen Sie natürlich irgendwo her.

Die DNA-Moleküle nehmen wir, ganz praktisch, aus irgendwelchen Pflanzen.

Die Natur hingegen hat …

… die Natur hat sie natürlich in der chemischen Evolution vorher abiotisch hergestellt. Das ist durch die Experimente von Stanley Miller nachgewiesen. Dieser Evolution, die ich propagiere, der strukturellen Evolution, ist ja die chemische Evolution vorausgegangenen. Die Chemie hat Moleküle gemacht, aber der entscheidende göttliche Funke sozusagen muss hineinkommen an der Stelle, wo die einzelnen Moleküle, diese toten Moleküle, miteinander tanzen, um Leben zu machen. Miteinander tanzen heißt in der Sprache der Physik: Wechselwirkungen, Minimalenergieprinzip, Selbstorganisation zu geordneten Strukturen, zur zweidimensionalen DNA.

Können Sie denn beeinflussen, ob da jetzt Samba oder Walzer getanzt wird?

In gewissem Sinn ja. Weil man natürlich die Randbedingungen vorgeben kann. Das ist ja auch der Trick der Natur, Randbedingungen vorzugeben.

Randbedingungen vorgeben könnte doch zum Beispiel heißen: Ich kann ausschließen, dass Samba getanzt wird, ich weiß aber nicht genau, ob die Teilchen sich jetzt für einen Englischen oder einen Wiener Walzer entscheiden?

Ja, wenn ich alles verstanden habe, dann kann ich es so machen. Wir nennen das dann directed self-organization. Es gibt einen Satz von Möglichkeiten, den die Natur anbietet. Den können wir durch die Beeinflussung der Randbedingungen einengen, auch so, dass nur noch eine Möglichkeit bleibt. Aber es ist natürlich nicht so, dass wir nun alles zaubern könnten. Lebensentstehung im Kontext der Selbstordnung auf Mineraloberflächen funktioniert nur deshalb, weil der Satz der Möglichkeiten groß ist, aber nicht unendlich. Wenn er unendlich wäre, würde jedes Mal etwas anderes passieren. Aber trial and error unter dem Gesichtspunkt der Energieminimierung muss schon möglich sein.

Was hätten wir denn davon, wenn wir eines Tages wüssten, wie das Leben angefangen hat?

Warum will der Mensch wissen?

Sie denken da gar nicht gleich an Dinge, die man machen kann?

Nein, ich will *wissen*. Es ist die zutiefst menschliche Vorgehensweise, die überhaupt eine Entwicklung möglich gemacht hat, dass der Mensch *offensichtlich* wissen will. Erkenntnis, das ist zunächst Erkenntnis der Welt an sich! Da brauche ich gar nicht zu fragen: In welchen Motor könnte ich das denn einbauen? Erkenntnis ist das, was mich umtreibt.

Trotzdem möchte ich Ihnen jetzt eine eher praxisbezogene Frage stellen: Auf welchem Sektor der Nanotechnik – Datenspeicherung, Energie, Verkehr, Medizin und Biotechnologie, Entwicklung neuer Materialien – wird Ihrer Ansicht nach in den nächsten zehn Jahren die durchschlagendste Entwicklung stattfinden, wo wird sich voraussichtlich die größte Dynamik entfalten?

In der Medizin und der Nano-Biotechnologie. Aber wer weiß, ob dieser chinesische Wissenschaftler in seinem Labor nicht morgen früh oder noch heute Nachmittag schon den Durchbruch im Quanten-Computing entdeckt hat? …

Eine der dringendsten Fragen im Hinblick auf die Nanotechnik, die die Menschen schon heute beschäftigen, ist: Können diese kleinen Teilchen im Körper Schaden anrichten durch zufälliges Einatmen oder durch das Aufnehmen in den Körper durch Nahrungsmittel, diagnostische und therapeutische Verfahren oder durch Kosmetika?

Dazu laufen jede Menge Studien. Hier müssen wir das Vorsichtsprinzip walten lassen: Solange etwas nicht als unschädlich erwiesen ist, gehen wir davon aus, dass es schädlich sein könnte. Fortschritt ist allerdings auch nur mit einer gewissen Risikobereitschaft möglich.

Und wie ist das mit den Nanoteilchen, die jetzt überall in die Sonnencremes getan werden?

Das macht man schon lange. Nur dadurch, dass die Nanotechnologie das artikuliert hat, hat es heute einen Namen. Es ist offensichtlich nicht gefährlich, denn Sonnencremes benutzen Milliarden von Leuten.

Aber vielleicht nach 30 Jahren?

Vielleicht. Man wird es auch weiter im Auge behalten. Aber da sind bis jetzt keine Warnlämpchen angegangen.

Hat man denn wenigstens bei den kommerziell wichtigsten Nanoteilchen einigermaßen den Durchblick?

Auch da gibt es noch eine Menge zu forschen. Unlängst wurde deshalb zum Beispiel NanoCare gegründet, ein Forschungsprojekt, das von der Industrie, der Wissenschaft und dem Bundesministerium für Bildung und Forschung unterstützt wird.

Die Nanoteilchen unter einer bestimmten Größe werden ja von der körpereigenen Abwehr wohl gar nicht mehr erkannt?

Die runden Teilchen, um die es zum Beispiel bei der Sonnencreme geht, werden eher nicht schwierig sein. Die spitzen, länglichen könnten Probleme machen.

Die asbestähnlichen?

Ja. Natürlich. Aber da gibt es heute jede Menge Untersuchungen. Ich berate ja auch Versicherungsunternehmen dazu. Wir sind hier auf einem guten Weg. Die Chemikaliengesetzgebung muss erweitert werden in Richtung Nanoteilchen – Stichwort „hohe Reaktivität" usw. Aber wir sind da sehr viel besser unterwegs als in der gesamten Gentechnologie zum Beispiel, weil wir seit langem – viele Kollegen und auch ich – immer Weißbücher und Studien erstellen und einfach sagen: Wir gehen hinaus mit der Nanotechnologie und artikulieren auch, was potentielle Risiken sein könnten. Wobei aber die Chancen insgesamt wesentlich größer sind als die Risiken. Sie können die Dieselruß-, die Feinstaub-Debatte als hundertjähriges Experiment anschauen und sich fragen: Ist das gut gegangen oder nicht? Die Konsequenz muss sein: Dieselrußfilter. Und nicht: Verbieten von Dieselfahrzeugen.

Also, es gibt hier eine Ethik, wie sie auch gegenüber anderen wissenschaftlichen und technischen Neuerungen gilt oder eigentlich gelten sollte: äußerste Vorsicht, sofortige Nachbesserung bei problematischen Aspekten und eventuell auch mal Verlangsamen oder Aussetzen auf Zeit? Daran ist im Prinzip ja nichts neu gegenüber der Techno-Ethik, wie sie auch vorher schon formuliert wurde.

Ja, natürlich, das sind grundsätzliche Regeln …

… die natürlich in der Anwendung den Eigenarten des jeweiligen Gebiets angepasst werden müssen.

Genauso ist es.

Was halten Sie von dem Buch Beute von Michael Crichton, in dem der Autor von Jurassic Park ja ein beängstigendes Szenario einer sich verselbständigenden Nanotechnologie entwirft?

Eine Nano-Apokalypse, wie sie Michael Crichton beschreibt, wird es meines Erachtens nicht geben. Sich verselbständigende Nanohybrid-Roboter mit zerstörerischer Wirkung halte ich aus physikalischen Gründen für äußerst unwahrscheinlich. Trotzdem hat der Roman eine intensive Auseinandersetzung mit den Themen Nano, Bio, Gen, Informationstheorie bewirkt. So ein Anstoß, verpackt in einen spannenden Roman, ist nicht die schlechteste Art, eine Debatte in Gang zu bringen. Ich bin gespannt, wie der geplante Film die Breitenwirkung des Buches noch steigern wird. Wir haben ja in unserem bayrischen „Heimatfilm" über das Nanoschnitzel einzelne Szenen aus dem Buch filmisch umgesetzt. Diese erzeugen bei meinen Vorträgen immer hohe Aufmerksamkeit, sie sind unterhaltend und bleiben auch den ferner stehenden Zuhörern im Gedächtnis.

Haben Sie den Eindruck, dass wir heute einigermaßen gut vorbereitet sind, zu wissen oder zu ahnen, welche der uns vielleicht schneller als gedacht zuwachsenden neuen Möglichkeiten wir überhaupt haben wollen?

Also: „Wir" gibt es sowieso nicht. Ich bin sehr gut vorbereitet auf das, was ich haben will: Ich will alles haben, was unser Leben voranbringt und besser macht.

Und besser heißt „bequemer" oder noch etwas anderes?

Gesünder, bequemer, länger leben, Alzheimer und Krebs heilen. Eigentlich *weiß* doch jeder, was gut ist! Das heißt aber noch lange nicht, dass jeder dafür arbeitet. Denn zum Beispiel geschäftliche Interessen können dazu verleiten, etwas zu tun, was nicht so gut ist. Waffen etwa. Zu viele unserer Mitmenschen beschäftigen sich mit der Entwicklung und Benutzung von Gerätschaften, deren einziger Zweck darin besteht, andere zu töten. *Das* ist der Skandal! Wer bin ich, mich fragen zu lassen: Haben Sie vor, mit der Nanotechnologie Tötungsmaschinen zu machen?

Welche positiven Spekulationen für eine bessere Zukunft erlauben Sie sich in ihren kühnsten Träumen – ich sage absichtlich „kühnste Träume" und meine damit: Träume auf der Basis Ihrer Einsichten, aber unter weitgehender Ausschaltung der wissenschaftlich gebotenen Nüchternheit? Eines Ihrer Beispiele – absolut faszinierend – kenne ich ja schon: das Nano-Schnitzel, eine besonders tröstliche Vorstellung für Vegetarier wie mich. Könnten Sie dazu noch ein paar Worte sagen?

Ja. Das Nano-Schnitzel ist das Produkt eines Weiterdenkens, ausgehend von heutigen Möglichkeiten. Ich könnte mir vorstellen, dass die Menschen der Zukunft das blutige Handwerk des Schlachtens als zu grausam ablehnen werden. Außerdem muss ja die Proteinversorgung global sichergestellt sein. Da bietet sich nun das Nano-Schnitzel an. Das Schnitzel, wie wir es heute essen, war ja vorher zum Beispiel im Kalb. Der Metzger hat es zerlegt und hat aus dem Kalb sozusagen viele kleine Wiener Schnitzel gemacht – eine typische top-down-Vorgehensweise. Die Natur ihrerseits macht so etwas eigentlich gerade andersherum, sie baut eher aus den kleinen Dingen die großen auf. Und wir Nanotechnologen wollen nun die Natur zum Vorbild nehmen: Eine Art Nanobionik, wie ich sie schon vor Jahren propagiert habe.

Wenn der Mensch das schafft, dann müssten wir ja keine Kälbchen mehr schlachten. Außerdem müsste die Milch dann auch „nano" sein, denn unsere massenhafte Milchproduktion bedingt ja den Kälberüberschuss, der nur durch Schlachten geregelt werden kann. Aber wie soll das gehen mit dem Nanoschnitzel?

Das habe ich schon einmal – als Vision natürlich – in einem Film vorgeführt. Wir nehmen eine gehörige Portion Kohlenstoff,

Kohlenstoff braucht man immer. Weiterhin nehmen wir Spurenelemente – Calcium, Magnesium und all die wichtigen Dinge, die wir im Leben benötigen. Das Ganze verrühren wir mit ein bisschen Wasser und stecken es in unsere „Nanowelle".

Nanowelle soll jetzt ein Name sein für all die notwendigen Operationen, die wir heute noch gar nicht kennen …

Ja, natürlich, das ist eine Vision. In dieser Nanowelle sollen sich nun die Atome und die Moleküle einzeln, Atom für Atom und Molekül für Molekül, zusammenbauen, ähnlich wie das im Kalb geschieht. Und heraus kommt – das Nano-Schnitzel! Im Labor arbeitet zurzeit niemand an einem Nano-Schnitzel – aber: Wir setzen viel einfachere zweidimensionale Molekülsysteme Molekül für Molekül zusammen. Wenn man sich vorstellen will, in welche Richtung hier gearbeitet wird, könnte man vielleicht an ein Haus denken. Ein Bauplan für ein Haus enthält ja auch keine Angaben darüber, wo jeder einzelne Ziegelstein für eine Mauer platziert werden muss, sondern nur darüber, aus welchem Material die Mauern bestehen sollen und wo eine soundso-dimensionierte Wand entstehen soll. Der Schritt zum weitaus komplexeren dreidimensionalen Volumen – ein großer Schritt – muss von der Forschung noch geschafft werden, wenn es um komplexe Proteine gehen soll. Im Kalb macht die Natur das natürlich so. Und einfache dreidimensionale Kristalle können wir schon längst züchten.

Von ihrem Nano-Schnitzel sind Sie also noch ziemlich weit entfernt?

Ja, sicherlich, meilenweit, aber das ist nur eine Metapher dafür, wie die Natur arbeitet. Im Grunde genommen befinden wir uns in einer Situation wie die Gebrüder Wright als Flugpioniere vor 100 Jahren. Wir haben erste Anwendungen der Nanotechnologie und am Horizont eine Riesenfülle von Möglichkeiten.

Gibt es noch andere positiv besetzte Träume?

Ja, natürlich. Ich komme wieder auf die Medizin zurück. Neunzig Prozent aller Krankheiten verstehen wir nicht ursächlich. Wir wissen überhaupt nicht, was wir tun sollen. Wir haben so viel Leid in der Welt. Natürlich gibt es dafür auch noch andere Gründe, aber wir leiden auch, weil wir die Krankheiten nicht verstehen. Weil wir nicht verstehen, wie sie auf der Nanoskala molekular im Detail ursächlich entstehen, geschweige denn, dass wir wüssten, wie wir sie behandeln müssen. Ich sage nicht: Nanotechnologie *wird* Krebs heilen, ich sage aber schon: Krebs wird nicht heilbar sein, ohne dass wir ein Verständnis der Vorgänge auf der Nanoskala haben – und das gilt für sehr viele andere Krankheiten genauso. Und es ist eine der größten Hoffnungen, dass es uns allen durch Nanotechnologie einfach besser gehen wird. Natürlich bin ich nicht so naiv, zu glauben, dass es nicht auch das politische System braucht, um solche Erkenntnisse umzusetzen. Allein die Technologie wird es nicht bringen. Wenn die Leute sich dann immer noch mit Panzern beschießen und mit Bomben bewerfen, dann wird die beste Technologie, um Krankheiten zu heilen, nichts helfen, wenn das Geld nicht mehr da ist, um sie zu implementieren. Ich bin ja nicht der schlichten Ansicht, dass technischer Fortschritt allein das Problem des Hungers in der Welt löst.

Haben Sie auch noch ein paar ganz fantastische Träume?

Einige meiner Träume kann man auch in „Star Trek" sehen. Einer hat mit dem Beamen zu tun, darüber sprachen wir ja vorhin schon andeutungsweise. Heute können wir mit der gesamten Internettechnologie wunderbar Informationen austauschen. Aber wir haben ein großes Problem, jenseits der Informationsvermittlung Dinge auszutauschen. Information kann ich eben sehr schnell schicken. Aber wenn ich Ihnen zum Beispiel einen Apfel zukommen lassen will, und Sie sitzen in Hamburg, dann nützt mir das tollste Internet nichts. Ich bräuchte in Zukunft eine Möglichkeit – ich weiß noch nicht, wie das gehen soll –, wie ich ein dreidimensionales Objekt so schnell wie Information transportieren kann. Ein Gerät dafür habe ich in meinen Träumen auch schon entworfen. Ähnlich wie ein Faxgerät steht es auf Ihrem Schreibtisch. Statt Tinte (Moleküle von einer Art, die zweidimensional Farbe aufs Papier bringen) hat es ein Reservoir von Atomen und Molekülen aller Art oder ist an einen Pool im Keller angeschlossen. Dieser wird täglich von außen über Fernleitungen gefüllt. Kommt nun die Info an „Setze einen Apfel zusammen!“, werden programmgesteuert alle Moleküle zur Verfügung gestellt, die sich dann selbst assemblieren. Wichtig ist dabei, dass nicht direkt programmiert ist, wo jedes einzelne Molekül in seinen dreidimensionalen Koordinaten platziert werden muss (das wäre aus informationstechnischen Gründen ein schier unmögliches Unterfangen), sondern dass nur der grobe Ablaufplan zur Selbstordnung abgearbeitet wird.

Oh je, und wenn Sie mir statt eines Apfels eine Bombe schicken? Oder auch nur stinkenden Käse? … Wo bleibt da die Privatsphäre, wenn Sie mir die ganze Welt auf den Hals schicken können?

Nun, das ist ähnlich zu lösen, wie man das mit Spam-Müll auch machen sollte. Nur durch ein zweiseitiges Protokoll beider Parteien, Sender und Empfänger, kann die Transaktion stattfinden. Ich denke da an etwas Ähnliches wie die verschränkten Zustände bei der Quantenkryptografie, die man nicht nur nutzen könnte, um die Abhörsicherheit, sprich den sicheren Transport, zu gewährleisten, sondern auch, um das beidseitige Einverständnis von Sender und Empfänger zu garantieren.

Ich hätte auch zum Beispiel da noch einen Traum: Ersatzteile für den Körper, angefangen bei Proteinen und Antikörpern bis hin zu Geweben und ganzen Organen, können wir über den Nanoschnitzel-Ansatz, also durch zielgerichtete Selbstordnung, aus den jeweiligen einzelnen molekularen Bauteilen aufbauen. Das Schweineherz für den Menschen wird dann ausgedient haben.

Zum Schluss habe ich noch eine ausgesprochen weltanschauliche Frage, die insbesondere die Nano-Biotechnik betrifft: Sollte es dahin kommen, dass der Mensch sich selber sehr weitgehend verändern kann, könnten dann nicht Eigenschaften verloren gehen, die wir heute für spezifisch menschlich halten? Die heute noch krasseste Vorstellung in diesem Zusammenhang ist ja der „Cyborg", also ein Mensch, in den technisch erzeugte Teile integriert wurden, die dann aber wahrscheinlich gar nicht mehr so technisch, sondern ganz biologisch-menschlich aussehen. Halten Sie es für denkbar, dass sich der Mensch eines Tages gar nicht mehr anstrengen will und wird, weil er mentale und kognitive Fähigkeiten nicht mehr in sich selbst entwickeln und erkämpfen muss, sondern sie an sich „machen" lässt? Oder könnte man sich auch vorstellen, dass die Selbstmanipulation oder Selbstoptimierung des Menschen zur Entwicklung ganz neuer, heute noch ungeahnter, dann aber als positiv erlebter Fähigkeiten führt, die dem Menschen ganz neue Chancen bieten, herauszufinden, was dann spezifisch menschlich ist?

Ja, das zweite, absolut. Wir sind ja nur ein Zwischenglied in der Evolution. Zu meinen, wir wären heute die Krone der Schöpfung, das wäre ja schwachsinnig, nicht? Wir sind ja ohnehin schon teilweise ausgestiegen aus der klassischen biologischen Evolution, indem wir zum Beispiel den medizinischen Fortschritt eingeführt haben.

Ja, die ganze naturwissenschaftlich-technische und die ganze kulturelle Evolution.

Natürlich. Und: Wissenschaft wird immer zu Kultur, so ist es doch. Wissenschaft, technische Entdeckungen, Kultur. Ich sehe das so: Es gibt eine erste Kultur und eine abgeleitete Kultur. Die erste Kultur bestimmt weitgehend die Entwicklungsgeschichte der Menschheit und macht das möglich, was wir traditionell unter Kultur verstehen.

Kann es sein, dass Sie die Lage heute, ganz optimistisch, etwa so sehen: Selbst wenn Naturwissenschaft und Technik in Zusammenhänge eingreifen und sie verändern, die zurzeit, in ihrer jetzigen Gestalt, noch einen hohen Wert darstellen und als unantastbar gelten, dann müssen wir uns doch nicht fürchten? Denn die Geschichte zeigt: Derartige Eingriffe bringen uns auch wieder auf eine neue Stufe, die ihre eigenen, neuen Werte hat, denn die Zukunft ist offen. Wäre damit Ihre Haltung einigermaßen zutreffend beschrieben?

Ja, durchaus. Und wenn man ehrlich ist und sieht, wie war es früher – wie ist es jetzt, dann ist alles ständig so passiert. Auch der Mensch hat sich ständig weiterentwickelt. Wir haben gemeinsame Vorfahren mit der Maus.

Und so, wie wir heute von der Maus unterschieden sind, sind vielleicht die Menschen, die noch kommen werden, von uns unterschieden – auch zunehmend aufgrund der Änderungen, die wir an uns selber vornehmen?

Aber selbstverständlich. Wir müssen uns natürlich nur vor niederen oder schlechten Handlungsmotiven hüten. Wenn wir zum Beispiel den Orwell'schen Menschen bauen wollten, das wäre natürlich schlimm.

Können wir uns denn richtig austauschen über das, was wir wirklich von der Forschung wollen? Wie soll das gehen?

Ja nun, wie wir es immer machen, wenn es gut läuft. In einer demokratischen Gesellschaft, wo jeder sich informiert, wo Bildung und Wissenschaft das Wichtigste sind, um mitreden und mitentscheiden zu können, um nicht hinters Licht geführt zu werden.

Glossar

Buckyball, Buckminsterfulleren
Eine bestimmte Art von Kohlenstoffmolekül in kugeliger Form. Die 60 Kohlenstoffatome sind darin zu Fünf-und Sechsecken angeordnet, etwa so wie die Flicken auf einem Fußball.

Cantilever, Kantilever
Winzige Blattfeder bei einem Kraftmikroskop.

Digitale Einheiten
1 Bit
8 Bits: 1 Byte

Elektronenmikroskop
Ein Mikroskop, das Elektronen für die Belichtung einer Probe einsetzt.

Größenordnungen
Mega-: Million, 1.000.000, 10^6
Giga-: Milliarde, 1000 Millionen, 10^9,
Tera-: Trilliarde, 1000 Milliarden, 10^{12}
Milli-: tausendstel, 0,001, 10^{-3}
Mikro-: millionstel, 10^{-6}
Nano-: milliardstel, 10^{-9}

Halbleiter
Material, dessen elektrische Leitfähigkeit bei Zimmertemperaturen zwischen der von Metallen und der von Isolatoren liegt. Die elektrischen Widerstände des H.s nehmen im Allgemeinen mit abnehmenden Temperaturen zu. H. sind das Grundmaterial für heutige Elektronik-Mikrochips.

Kraftmikroskop, Atomic Force Microscope (AFM)
Ein Mikroskop, das Atome oder Moleküle einer Oberfläche abbildet. Die Abbildung wird errechnet aus den zwischen einer Spitze an einer Blattfeder und den Atomen oder Molekülen auf der Oberfläche wechselwirkenden Kräften.

Heisenberg'sche Unschärferelation
Gesetz der Quantenmechanik, das es verbietet, bei sehr kleinen Teilchen zum selben Zeitpunkt deren Ort und Energie (bzw. Impuls) zu kennen.

Maße
1 Mikrometer: 1 millionstel Meter (10^{-6} Meter), Abkürzung µm
1 Nanometer: 1 Milliardstel Meter (10^{-9} Meter), Abkürzung: nm
1 Zoll: 2,54 Zentimeter
1 Quadratzoll: 6,45 Quadratzentimeter

Nanoteilchen
Kleinste Festkörper, die aus wenigen hundert bis zu mehreren zehntausend Atomen bestehen.

Nanoröhrchen, Nanotube
Ein Kohlenstoffmolekül in Form einer Röhre; die Anordnung der Kohlenstoffatome ist derjenigen des Buckyballs vergleichbar (siehe Titelbild).

Ortsraum

Das ist der uns geläufige, dreidimensionale Raum, in dem wir mit Hilfe eines Koordinaten-Systems (x,y,z) jeden Punkt genau angeben können. Die Physik kennt aber noch viele andere Räume mit meistens mehr Dimensionen, in denen sich physikalische Phänomene mathematisch einfacher beschreiben lassen, z. B. den Impulsraum.

Photon

Lichtteilchen, im Rahmen des von der Quantenmechanik beim Licht geforderten Dualismus „Welle – Teilchen".

Polymer

Großes, oft langes Molekül, das aus vielen wiederkehrenden Abschnitten besteht.

Protein, Eiweiß

Lange, oft gefaltete Kette von Aminosäuren.

Quantencomputer

(Bisher nicht existierender) Computer, dessen Rechenoperationen mit quantenmechanischen Überlagerungszuständen (Qubits) ausgeführt werden sollen.

Rastersondenmikroskop

Oberbegriff für alle Mikroskope, bei denen eine Oberfläche mittels mechanischer Rasterung abgetastet wird.

Rastertunnelmikroskop, Scanning Tunneling Microscope (STM)

Mikroskop, bei dem das Abbild von Atomen oder Molekülen einer elektrisch leitenden Oberfläche errechnet wird aus dem quantenmechanischen Tunnelstrom, der zwischen Oberflächenatom bzw. -molekül und der abtastenden Mikroskopspitze fließt.

Quantentopf-Laser
Ein Laser aus Halbleiter-Material, bei dem die Elektronen unter Licht-Aussendung zwischen den sich in einem Quantentopf ausbildenden, speziellen Energie-Niveaus rekombinieren. Dieser Quantentopf wird durch eine besondere Ausgestaltung des Kristallgitters im Nanometer-Maßstab realisiert.

Quantenpunkt
Winziger Festkörper von wenigen Nanometern Ausdehnung. Qu.e sind freie oder im Halbleiter eingebettete Teilchen, die sich ähnlich wie Atome verhalten.

Quantentheorie
Theorie der Gesetze, die für mikrophysikalische Einheiten beobachtbar werden (Moleküle, Atome, Elektronen und andere Elementarteilchen, Lichtquanten). Das Geschehen im mikrophysikalischen Bereich ist sprunghaft und von Gesetzen der Statistik bestimmt.

Schreib-Lese-Geschwindigkeit
Mbit/s: Megabit pro Sekunde, Million Bits pro Sekunde

Speicherdichte
Mbit/cm^2: Megabit pro Quadratzentimeter
Gbit/cm^2: Gigabit pro Quadratzentimeter

Speicherkapazität
Megabyte: 1.000.000 Bytes (MB)
Gigabyte: 1000 Megabytes (GB)
Terabyte: 1000 Gigabytes (TB)

Supraleitung
Beschreibt das Phänomen, dass bei gewissen Metallen und leitfähigen Keramiken der elektrische Widerstand unterhalb einer

meist sehr tiefen, charakteristischen Temperatur (= Sprungtemperatur) plötzlich völlig verschwindet.

Teleportation
Basiert auf dem Effekt, dass zwischen Elementarteilchen oder Lichtquanten unter gewissen Umständen auch bei räumlicher Trennung eine „Verschränkung“, d. h. eine Art Wechselbeziehung bestehen kann. Dieses bereits von Einstein postulierte Phänomen („spukhafte Wechselwirkung“) ist heute im Labor messbar. Ändert man eines von zwei verschränkten Teilchen, kann das zweite an einem anderen Ort augenblicklich den Zustand des ersten annehmen, ohne eine durch die Lichtgeschwindigkeit bedingte Zeitverzögerung. Die Idee der Teleportation beruht darauf, auf diese Weise Kopien von ganzen Gegenständen augenblicklich an weit entfernten Orten entstehen zu lassen, z.B. ein Raumschiff in einer anderen Galaxis – in Science fiction-Filmen funktioniert das schon.

Tunneln
Quantenmechanischer Effekt, der keine Entsprechung in der makroskopischen Welt hat. Bei ihm gelangen Elementarteilchen durch eine energetische Barriere hindurch, sie „tunneln“.

Die Autoren

Barthlott, Wilhelm, Prof. Dr., geb. 1946, Studium der Biologie, Chemie und Physik in Heidelberg; Professor für Botanik, Leiter des Nees-Institutes für Biodiversität der Pflanzen und Direktor der Botanischen Gärten der Universität Bonn. Arbeitsgebiete: Evolution der Blütenpflanzen, Tropische Biodiversitätsforschung sowie pflanzliche Grenzflächen und ihre biomimetische Anwendung. Für die Entdeckung der Funktionsweise und die technische Umsetzung der selbstreinigenden Lotus-Oberflächen erhielt er zahlreiche Preise (u.a. Karl-Heinz-Beckurts-Preis 1997, Philip-Morris-Forschungspreis 1999, Deutscher Umweltpreis 1999); Mitglied der Akademie der Wissenschaften und der Literatur zu Mainz, der Nordrhein-Westfälischen Akademie der Wissenschaften Düsseldorf und der Deutschen Akademie der Naturforscher Leopoldina.

Cerman, Zdenek, geb. 1972, Studium der Biologie an der Universität Bonn und wissenschaftlicher Mitarbeiter am Nees-Institut für Biodiversität der Pflanzen. Seit 2001 Koordinator der Arbeitsgruppe Bionik und seit 2004 Leiter der Fachgruppe „Industrielle Umsetzung“ im nationalen Bionik-Kompetenznetz (BIOKON). 2005 einer der Gewinner des BMBF-Wettbewerbs „Bionik – Innovationen aus der Natur“.

Gobrecht, Jens, Prof. Dr., geb. 1951, Studium der Physik an der Technischen Universität Berlin; Doktorarbeit am Fritz-Haber-

Institut der Max-Planck-Gesellschaft über elektrochemische Solarzellen; 1980/81 Forschungsaufenthalt in den USA mit Arbeiten über spezielle Solarzellen; danach im Forschungsbereich bei Asea Braun Boveri in der Schweiz in verschiedenen Positionen, u. a. als Abteilungsleiter für Forschung auf den Gebieten Leistungshalbleiter und leistungselektronische Systemtechnik; seit 1993 Leiter des Labors für Mikro- und Nanotechnologie am Paul Scherrer Institut, Villigen, Schweiz und seit 2004 zusätzlich Institutsleiter an der Fachhochschule Nordwestschweiz. Er ist Autor und Co-Autor von zahlreichen wissenschaftlichen Publikationen auf den Gebieten Solarzellen, Halbleiter-Bauelemente bzw. Halbleiter-Prozesstechnik sowie Mikro-und Nano-Technologie; er ist Erfinder oder Miterfinder von ca. 30 Patenten bzw. Anmeldungen auf diesen Gebieten.

Halbeisen, Marcel, geb. 1965, nach der Ausbildung zum Textillaboranten Mitarbeiter der Sandoz AG, Basel, über fünf Jahre Praxiserfahrung als Schichtführer in einer Färberei, Ausbildung zum Textilveredlungstechniker am Otto-Johannsen-Technikum in Reutlingen; seit 1991 in der Empa, Swiss Materials Science & Technology, erst zur Untersuchung der natürlichen und künstlichen Alterung von synthetischen Faserstoffen, jetzt in der Gruppe Faserentwicklung der Abteilung Advanced Fibers. Arbeitsgebiete: Entwicklung von mikro- und nanostrukturierten Oberflächen sowie Lehrlingsausbildung der Textillaboranten. Mehrere Publikationen in Fachzeitschriften.

Haverich, Axel, Prof. Dr. med., geb. 1953, 1972–1978 Studium der Humanmedizin, 1983–1984 Stipendiat der DFG an der Stanford University in Kalifornien/USA, 1985–1993 Oberarzt der Klinik für Thorax-, Herz- und Gefäßchirurgie der Medizinischen Hochschule Hannover, 1987Habilitation, 1993 bis1996 C 4-Professor und Direktor der Klinik für Herz- und Gefäßchirurgie der Christian-Albrechts-Universität Kiel, seit 1996 C 4-Universitätsprofessor für Chirurgie, Klinik für Thorax-, Herz- und Gefäßchirurgie an der Medizinischen Hochschule Hannover; Direktor der Abteilung Gefäßchirurgie im Krankenhaus Oststadt und Vorstandsmitglied der Leibniz-Forschungslaboratorien für Biotechnologie und künstliche Organe; Franz-Köhler-Preis (gemeinsam mit Prof. Dr. T. Wahlers), Förderpreis für deutsche Wissenschaftler im Gottfried-Wilhelm-Leibniz-Programm der Deutschen Forschungsgemeinschaft, Niedersächsischer Staatspreis; zahlreiche Mitgliedschaften; Schwerpunkte: Transplantation, kardiovaskuläre Implantate, Aortenchirurgie.

Heckl, Wolfgang M., Prof. Dr., geb. 1958, Studium der Physik, 1988 Promotion zum Dr. rer. nat. an der TU München, 1990–1993 Postdoktorand bei IBM Research bei Prof. Dr. G. Binnig, Assistent und Oberassistent an der Ludwig-Maximilians-Universität München, Sektion Physik, bei Prof. Dr. T. Hänsch, 1993 Habilitation in Physik an der LMU München bei Prof. Dr. T. Hänsch, 1993 Ruf auf die Professur für Experimentalphysik an der LMU München, Sprecher des BMBF-Kompetenzzentrums Nanoanalytik Deutschland; 2002 Verleihung des Communicator-Preises des Stifterverbandes für die Wissenschaft, Sprecher des Exzellenz-Networks Nanobiotechnology (ENNaB); 2004 Verleihung des „Descartes Prize for Science Communication" der Europäischen Kommission; seit 2004 Generaldirektor des Deutschen Museums in München. Die Kommunikation von Wissenschaft in die Öffentlichkeit ist eines seiner besonderen Anliegen; er betätigt sich umfangreich in den Bereichen TV, Radio und Printmedien; er ist Mitglied zahlreicher nationaler und internationaler Gremien und berät die Europäische Kommission sowie die Bundesregierung im Bereich Nanotechnologie.

Jung, Thomas A., Dr., geb. 1962, nach frühen Aufenthalten in mehreren Ländern Studium der Physik an der ETH Zürich; Promotion (Thema: Rasterkraftmikroskopie) an der Universität

Basel, dann fünf Jahre bei IBM in den USA und in der Schweiz; danach wechselte er zum Paul Scherrer Institut, Villigen, Schweiz; er ist Leiter der Forschungsgruppe Molekulare Nanowissenschaften am Labor für Mikro- und Nanotechnologie des PSI und Leiter des Nano-Labors an der Universität Basel. Hauptforschungsthemen: Selbstorganisation von Molekülen an Oberflächen in Nanostrukturen, elementare Prozesse an einzelnen supramolekularen Strukturen. Er engagiert sich stark für das Technik- und Wissenschaftsverständnis in der Öffentlichkeit.

Kotthaus, Jörg P., Prof. Dr., geb.1944, studierte Physik an der Universität Bonn, der Technischen Universität München sowie an der University of California in Santa Barbara, wo er 1972 promovierte; nach seiner Habilitation an der TU München wirkte er von 1978 bis 1989 als Professor für Angewandte Physik an der Universität Hamburg; seit 1989 forscht und lehrt er als Professor für Experimentelle Festkörperphysik an der Ludwig-Maximilians-Universität München; seine Forschungsgebiete umfassen elektronische, elektromechanische und optoelektronische Eigenschaften künstlicher Nanostrukturen; er ist Mitgründer und Sprecher des interdisziplinären Center for NanoScience (CeNS) an der LMU München; 1989 Fellow der American Physical Society, 1991 Gentner-Kastler-Preis, 1995 Max-Planck-Forschungspreis für Internationale Kooperation, 2001 Bundesverdienstkreuz am Band; zahlreiche Mitgliedschaften, zahlreiche Publikationen.

Martens, Andreas, Dr. med., geb. 1975, Studium ab WS 1996/97; Auslandsaufenthalte im Rahmen des Studiums in Toronto und Melbourne zur klinischen Ausbildung (v. a. Herzchirurgie und Kinderherzchirurgie); experimentelle Doktorarbeit bei PD Dr. Harringer (aktuell Chef der THG-Klinik Braunschweig), AiP-Stelle in der Klinik von Prof. Haverich. Schwerpunktmässig klinische Tätigkeit in der Herz- und Transplantationschirurgie;

Assistentensprecher der Abteilung seit 2005. Publikationen: Abstracts, wissenschaftliche Artikel; Mitglied der Deutschen Gesellschaft für Thorax-, Herz- und Gefäßchirurgie (DGTHG).

Nieder, Jürgen, Dr., geb. 1955, Studium der Biologie und Promotion an der Universität Bonn; Koordinator der Arbeitsgruppe Epiphyten am Nees-Institut für Biodiversität der Pflanzen; tätig in der Erwachsenen- und Lehrerfortbildung; Fachpublikationen zu: Bionik, Biodiversität von tropischen Epiphyten, Ökologie und Verhalten von Fischen und Biologiedidaktik.

Schöll, Eckehard, Prof. Dr. rer. nat., PhD, studierte in Stuttgart und Tübingen Physik und promovierte in Southampton/England in Mathematik (1978) sowie an der RWTH Aachen in Physik (1981). Seit 1989 ist er Professor für Theoretische Physik an der TU Berlin. Er forscht über Selbstorganisation und Nanostrukturen, nichtlineare Dynamik und Chaos und ist Autor von drei Monografien und ca. 300 Fachartikeln in internationalen Zeitschriften (http://www.nlds.physik.tu-berlin.de/ ~ schoell).

Tributsch, Helmut, Prof. Dr., geb. 1943, lehrt seit 1982 am Institut für physikalische und theoretische Chemie der Freien Universität Berlin und ist gleichzeitig Leiter der Abteilung Solare Energetik am Hahn-Meitner-Institut; vorher arbeitete er neun Jahre an ausländischen Institutionen und vier weitere Jahre am Fritz-Haber-Institut der MPG; sein Haupt-Interessengebiet ist die regenerative Energieforschung und dabei vor allem solartechnologische Strategien in Anlehnung an die Natur. Er hat acht Bücher und ca. 400 Fachartikel veröffentlicht.

Vettiger, Peter, Dipl. Ing., Dr. h. c., ist seit mehr als 35 Jahren als wissenschaftlicher Mitarbeiter und Projektverantwortlicher am IBM-Forschungslabor in Rüschlikon tätig; seit 25 Jahren gilt sein Hauptinteresse neuen Herstellungs- und Miniaturisierungsverfahren zur Erforschung kleinster Mikro- und Nanostrukturen, neuen elektronischen, elektro-optischen und mechanischen Bauelementen und Systemen der Informatik; bis 2002 leitete er zusammen mit Gerd Binnig das beschriebene Probe Storage Projekt im IBM-Forschungslabor; im Jahr 2000 wurde er vom IEEE (Internationaler Fachverband der Elektroingenieure) zum „Fellow" ernannt, der höchsten technischen Auszeichnung des Weltverbandes; die Universität Basel hat ihm 2001 den Ehrendoktor verliehen.

Dr. Vettiger bedankt sich bei seinen Kollegen des Probe Storage Teams im IBM Forschungslabors für die vielen ausgezeichneten technischen Beiträge sowie die motivierte und gute Zusammenarbeit.

Ideen und Perspektiven

Dann lebt man anders ...
22 Gespräche über Zeit und Ewigkeit
Hg. von Marianne Oesterreicher
256 Seiten, gebunden mit Schutzumschlag
ISBN 3-451-28189-9

„Was bleibt von uns? Wie weit trägt unsere Individualität?" Sicher ist: Jeder von uns wird sterben. Und irgendwann wird auch das ganze Universum nicht mehr sein. Aber welche Konsequenz hat dieses Wissen? Marianne Oesterreicher hat Naturwissenschaftler, Philosophen, Theologen, Künstler, Politiker mit diesen Fragen konfrontiert. Sie alle antworten ganz persönlich, oft überraschend. Und geben damit Anregungen, sich den Fragen nach Endlichkeit und Unendlichkeit, nach dem Wunder des Lebens und dem ganz Anderen selber zu stellen.

Gerd B. Achenbach
Vom Richtigen im Falschen
Wege philosophischer Lebenskönnerschaft
Band 5270

Lebenskönner besinnen sich auf das, was bei existentiellen Lebensproblemen hilft. Sie handeln aufrecht, nachdenklich und beherzt. In exemplarischen Geschichten zeigt Achenbach, wie das geht.

Gerd B. Achenbach
Lebenskönnerschaft
Band 5123

Wie führe ich mein Leben, damit es sinnvoll und lebenswert ist? Worauf es ankommt, sind die existenziellen Herausforderungen und das Wissen, was wirklich wichtig ist. Dem Können des Lebens wird der „Lebenslauf" zum „Lebensweg".

Michael Simon Babenberger
Wie Wittgenstein das Rechnen verlernte – und andere philosophische Rätsel
Band 5276

Am Anfang steht das Staunen – und plötzlich versteht man die Pointe. Ein spielerischer Streifzug durch die Geschichte der Philosophie, der Lust macht, mit- und weiterzudenken.

Lernen und Gehirn
Der Weg zu einer neuen Pädagogik
Hg. von Ralf Caspary
Band 5763
Was geschieht in unserem Gehirn, wenn wir lernen? Und wie können wir das Lernverhalten unserer Kinder unterstützen? Führende Experten aus Hirnforschung und Pädagogik veranschaulichen die erkenntnistheoretischen Grundlagen, die Verbindung von Reformpädagogik und Hirnwissenschaft oder die Funktion von Spiegelneuronen.

Hans-Peter Dürr / Marianne Oesterreicher
Wir erleben mehr als wir begreifen
Quantenphysik und Lebensfragen
Band 4847
Wie sprechen wir über das, was Wissenschaft nicht fassen kann? Was bedeuten Identität und Verantwortung? Eine spannende Begegnung.

Erich Fromm
Die Kunst des Lebens
Zwischen Haben und Sein
Hg. von Rainer Funk
Band 4917
Ein lebenspraktisches Buch über die Kunst, tiefer zu leben.

Erich Fromm
Die Antwort der Liebe
Die Kunst des richtigen Lebens
Hg. von Rainer Funk
Band 5366
Liebe zum Leben – sich auf das Leben einlassen, ohne es absolutem Sicherheitsdenken unterzuordnen.

Erich Fromm
Authentisch leben
Hg. von Rainer Funk
Band 5691
Wissen, was die eigene Person ausmacht. Bewusst aus eigenen Quellen leben. An die seelischen Ressourcen kommen, keine Fassadenexistenz führen, sondern intensiv fühlen: „Freude – das Ergebnis intensiven Lebens" (E. Fromm).

Dietmar Mieth
Kleine Ethikschule
Band 5471
Ethik kollidiert mit handfesten Vorteilen. Wo liegen Kriterien, die wir anwenden können? Und wo ergibt es Sinn, moralisch gut zu handeln? Klärung im alltäglichen Dschungel der Entscheidungen.

Astrid Nettling
Kleine philosophische Lebenskunst
Band 5397
Wichtige Impulse aus der Weisheit, die zu leben lehrt: den rechten Umgang mit der Zeit, Beziehungen zu Menschen und die Begegnung mit Alter, Abschied und Tod.

Thorsten Paprotny
Kurze Geschichte der antiken Philosophie
Band 5286
„Erkenne dich selbst!" Die alltagspraktische Weisheit der antiken Philosophie – spannend bis heute.

Thorsten Paprotny
Kurze Geschichte der Philosophie der Aufklärung
Band 5557
Auf den Spuren Kants, Herders und Hegels bis hin zu Kierkegaard und Marx. Die spannende Geschichte eines Denkens, das bis in unsere Gegenwart wirkt. Anschaulich und mit Anekdoten erzählt.

Regina Ammicht Quinn
Glück – der Ernst des Lebens?
Band 5652
Ein Buch über Traumpfade und Sackgassen. Über Sehnsucht und große Gefühle. Ein eigener Zugang zur Geschichte der Suche nach dem Glück und seinen existentiellen Möglichkeiten in Zeiten, in denen nichts mehr sicher scheint.